Additional material to this book can be downloaded from http://extras.springer.com

ISBN 978-3-662-39059-7     ISBN 978-3-662-40038-8 (eBook)
DOI 10.1007/978-3-662-40038-8

## Vorrede.

Die zweite Auflage des von dem Artillerie-Hauptmann Riege verfaßten Werks: „Beurtheilung des Pferdes in Bezug seiner Brauchbarkeit für den Reit- und Zugdienst," im Jahre 1847 zu Berlin erschienen, ist bereits wiederum vergriffen, und mehrfache Wünsche und Nachfragen machen eine dritte Auflage des genannten Werks erforderlich. Da nun der Verfasser seitdem leider durch einen zu frühen Tod seinen Kameraden und der Waffe entrissen worden ist, so hat sich die Verlagshandlung an den Unterzeichneten, einen alten Freund und Kameraden des Verstorbenen, in Bezug auf die Bewerkstelligung dieser dritten Auflage gewendet.

Einer Genügung dieser Aufforderung hat der Unterzeichnete schon aus einem Pietätsgefühl für den von ihm sehr werthgeschätzten Verfasser sich gern und mit aller Sorgfalt unterzogen. Eine genaue Durchsicht hat ihn von Neuem den Werth des vorliegenden

Buches erkennen lassen, für welchen übrigens sowohl die wiederum eingetretene Erforderlichkeit einer neuen Auflage als auch die äußerst günstige Beurtheilung desselben in der Militär-Literaturzeitung (Jahrgang 1845 Nr. 23) ein genügendes Zeugniß ablegen.

Der Verfasser war, wie dies dem großen Kreise Derer, die ihn kannten, erinnerlich sein wird, ein vorzüglicher Praktikus, in der vollständigen Bedeutung dieses so häufig gemißbrauchten Ausdrucks, der sich mit besonderer Vorliebe der Kenntniß des Pferdes und der Verwendung desselben für den Artilleriedienst zuwandte. Er war daher vorzugsweise befähigt, über einen Gegenstand zu schreiben, wie er ihn in seinem Titel bezeichnet hat. Die Ausführung entspricht den hierauf sich begründenden Erwartungen in einem sehr genügenden Grade. Sehr richtig hat der Verfasser es erkannt, daß das Wesentliche der Brauchbarkeit des Pferdes auf seiner freien und kräftigen, mit Ausdauer verbundenen Bewegung beruhe, die zugleich den verschiedenartigen Anforderungen für den Reit- und Zugdienst entsprechen muß. Alle seine Erörterungen über die normale Structur des Pferdekörpers begründen sich hierauf und sind mit so großer Klarheit vorgetragen, daß dadurch auch der vorher ganz Unkundige eine deutliche Vorstellung von den, einen normalen Bau des Pferdes bedingenden Verhältnissen erhält. Die Betrachtungen des Verfassers über die Structur der vorderen Gliedmaßen, die Erklärung der Einwirkung des Fesselgelenks auf die Bewegung des Pferdes, sowie die Aufstellung der Bedingungen einer guten Kruppe in vergleichender Beziehung zu dem Sprunggelenk werden beispielsweise das eben Gesagte vollständig rechtfertigen, und wenn es allerdings zugegeben werden muß, daß die vollständige Beurtheilung des Pferdes nur durch eine häufige Anschauung des lebenden Thiers erworben werden kann, so unterliegt es ebensowenig einem Zweifel, daß die Erlangung dieser praktischen Kenntniß um so schneller und gründlicher erfolgen wird, wenn sie sich auf eine solche theoretische Grundlage stützen kann, wie sie ihr durch das kleine Werk des Verfassers geboten wird, wozu die am Schlusse desselben befindliche praktische Anweisung zur Ausführung der Untersuchung eines Pferdes in Betreff seiner Brauchbarkeit eine sehr schätzenswerthe Anleitung giebt.

Ungeachtet der vorstehend aufgeführten, unbestreitbaren Vorzüge des in Rede stehenden Werks hat der Unterzeichnete sich doch veranlaßt gefunden, einige, sowohl die Form als den Inhalt betreffende Veränderungen bei seinem erneuten Erscheinen eintreten zu lassen.

Was zuvörderst die Form betrifft, so gab sich in den bisherigen Ausgaben der Uebelstand zu erkennen, daß der Text ohne Unterbrechung und Bezeichnung einzelner Abschnitte nach den verschiedenen zur Sprache kommenden Gegenständen in einem Continuum fortlief, wodurch das Auffinden eines bestimmten einzelnen Gegenstandes sehr erschwert wurde. Es ist daher durch die Bezeichnung einer Eintheilung des Textes in Abschnitte und Kapitel diesem Uebelstande abgeholfen worden, wobei zugleich die in dem Anhange hinzugefügten Abschnitte: über die Erkennung des Alters und die Untersuchung des Sehvermögens der Pferde mit in den Haupttext aufgenommen worden sind, wohin sie, wie in der vorerwähnten Beurtheilung der Militär-Literaturzeitung bereits mit vollem Rechte bemerkt worden ist, eigentlich gehören; die dem Begriffe eines Anhanges dagegen ganz entsprechende praktische Anweisung zur Ausführung der Untersuchung eines Pferdes ist als solcher auch in dieser Auflage beibehalten worden. Zur noch größeren Erleichterung des Auffindens eines einzelnen Gegenstandes ist dem Werke ein Inhaltsverzeichniß und ein Namensregister beigefügt worden.

Außerdem aber mußte der Unterzeichnete bei sorgfältiger Prüfung der dem Werke zum Grunde liegenden Tendenz die Hinzufügung mehrerer Zusätze für erforderlich erachten. So durfte z. B. dem ersten Abschnitte, der eine kurze Uebersicht über die Structur und die Beschaffenheit derjenigen inneren Theile des

Pferdekörpers, welche auf die Hervorbringung der Bewegung Bezug haben, giebt, die Erwähnung der hierbei so wesentlich wirksamen Nerven nicht fehlen. Ebenso bezeichnen die Begriffe: Vorbügig, Streifen, Ueberköthen, Durchtreten, Vernagelung, Druse, Verschlag, Kolik, Koppen und mehrere andere so wichtige Zustände in Bezug auf die Beschaffenheit des Pferdes, daß sie in diesem Werke nicht unerwähnt bleiben durften, zumal da der Verfasser verschiedentlich auf die Kenntniß eines oder des andern derselben Bezug nimmt. Der Unterzeichnete hat es sich daher angelegen sein lassen, auch die hier beregten Mängel durch Hinzufügung kurzer, in dem Geiste des Werks gehaltener Erklärungen zu beseitigen.

Endlich ist es nicht zu vermeiden gewesen, einige Abänderungen in dem vorhandenen Text vorzunehmen, namentlich beim Eingange der im Anhange befindlichen praktischen Anweisung zur Untersuchung des Pferdes, so wie an einigen anderen Stellen, wo eine größere Deutlichkeit des Ausdrucks oder eine consequentere Aufeinanderfolge der abgehandelten Gegenstände dies erforderte, wobei zugleich einige Druckfehler im Text und in der Bezeichnung der Figuren berichtigt worden sind. Der Unterzeichnete ist in dieser letzten Beziehung mit besonderer Vorsicht und Gewissenhaftigkeit zu Werke gegangen, indem er es für eine Hauptpflicht erachtet hat, daß dem Werke auch bei diesem erneuten Erscheinen seine frühere individuelle Eigenthümlichkeit erhalten bleibe, so daß die daran vorgenommenen Erweiterungen und Veränderungen ihm zu einem reinen Gewinn gereichen, ohne seine bereits anerkannten Vorzüge zu beeinträchtigen.

Berlin, im December 1850.

**C. Baer,** Major.

# Inhaltsverzeichniß.

                                                                          Seite

**Einleitung.** Ueber den Werth des Pferdes für den Kriegsdienst und Wichtigkeit einer richtigen Beurtheilung desselben für diesen Zweck . . . . . . . . . . . . . . . . . . . . . . 1

**Erster Abschnitt.** Kurze Uebersicht über die Structur und Beschaffenheit derjenigen inneren Theile des Pferdekörpers, welche auf die Hervorbringung der Bewegung Bezug haben . . . 2

**Zweiter Abschnitt.** Eintheilung des Pferdes in seine drei Haupttheile, sowie Anführung und Beschreibung der einzelnen Theile in ihrer normalen Beschaffenheit nebst Angabe der bei denselben vorkommenden Fehler und Krankheiten . . . . . 5

**Erstes Kapitel.** Die Vorhand.
   1. Der Kopf . . . . . . . . . . . . . . . . . 6
   2. Der Hals . . . . . . . . . . . . . . . . . 9
   3. Der Widerriß . . . . . . . . . . . . . . . 12
   4. Die Brust . . . . . . . . . . . . . . . . . 12
   5. Die vorderen Gliedmaßen . . . . . . . . . . 14
      a. Die Schulter und das Querbein . . . . . . 15
      b. Das Vorarmbein und der Ellenbogen . . . . 18
      c. Das Vorderknie . . . . . . . . . . . . . 18
      d. Das Röhrbein . . . . . . . . . . . . . 19
      e. Das Fesselbein und die Gleichbeine . . . . . 20
      f. Das Kronbein . . . . . . . . . . . . . 22
      g. Der Huf . . . . . . . . . . . . . . . 22

**Zweites Kapitel.** Von den Fehlern und Krankheiten, womit die vorderen Gliedmaßen behaftet sein können . . . . . 26
   1. Fehlerhafte Stellung der Vorderfüße . . . . . . . 26
   2. Buglähmung . . . . . . . . . . . . . . . . 28
   3. Stollbeule, Stollschwamm . . . . . . . . . . . 28
   4. Knieschwamm . . . . . . . . . . . . . . . 29
   5. Raspe . . . . . . . . . . . . . . . . . . 29
   6. Gallen . . . . . . . . . . . . . . . . . . 29
   7. Sehnenklapp . . . . . . . . . . . . . . . . 29
   8. Ueberbeine . . . . . . . . . . . . . . . . 30
   9. Ringbein, Schale . . . . . . . . . . . . . . 31
  10. Ueberköthen . . . . . . . . . . . . . . . . 31
  11. Mauke . . . . . . . . . . . . . . . . . . 32
  12. Hufkrankheiten . . . . . . . . . . . . . . . 32
      a. Chronische Hufgelenkskrankheit . . . . . . 32
      b. Zwanghuf . . . . . . . . . . . . . . . 33
      c. Vollhuf, Ringelhuf, Knollhuf . . . . . . . 33
      d. Platthuf . . . . . . . . . . . . . . . 34
      e. Bockhuf . . . . . . . . . . . . . . . 34
      f. Hornspalt, Hornkluft . . . . . . . . . . 34
      g. Getrennte Wände . . . . . . . . . . . 35
      h. Steingallen . . . . . . . . . . . . . . 35

|   | Seite |
|---|---|
| i. Fauler Strahl | 36 |
| k. Strahlkrebs | 36 |
| l. Vernagelung | 36 |

**Drittes Kapitel.** Die Mittelhand . . . . . . . . 37
  1. Der Rücken . . . . . . . . . . . . . . . . 37
  2. Die Lenden . . . . . . . . . . . . . . . . 38
  3. Die Flanken und der Bauch . . . . . . . . . 39

**Viertes Kapitel.** Die Hinterhand . . . . . . . . 40
  1. Die einzelnen Theile der Hinterhand und deren Verbindung 40
  2. Von den Erfordernissen einer guten Kruppe . . . . 41
  3. Die Backen und der Unterschenkel . . . . . . . 44
  4. Das Sprunggelenk . . . . . . . . . . . . . 44
  5. Das Röhrbein und die übrigen Theile des Hinterfußes . 46

**Fünftes Kapitel.** Von den Fehlern und Krankheiten der hinteren Gliedmaßen . . . . . . . . . . . . . . 46
  1. Einhüftigkeit . . . . . . . . . . . . . . . 46
  2. Krankheiten des Sprunggelenks . . . . . . . . 47
    a. Sichtbarer Knochenspath . . . . . . . . . 47
    b. Unsichtbarer Spath . . . . . . . . . . . 49
    c. Blutspath . . . . . . . . . . . . . . . 50
    d. Piephacke . . . . . . . . . . . . . . . 50
    e. Hasenhacke . . . . . . . . . . . . . . 50
    f. Rehbein . . . . . . . . . . . . . . . 51
    g. Raspe . . . . . . . . . . . . . . . . 51
    h. Sprunggelenkgallen . . . . . . . . . . . 51
  3. Hahnentritt . . . . . . . . . . . . . . . . 52
  4. Die übrigen an den Hinterfüßen vorkommenden Krankheiten 52

**Dritter Abschnitt.** Von den wichtigsten inneren Krankheiten 53
  1. Rotz . . . . . . . . . . . . . . . . . . 53
  2. Druse . . . . . . . . . . . . . . . . . . 54
  3. Wurm . . . . . . . . . . . . . . . . . . 54
  4. Räude . . . . . . . . . . . . . . . . . . 55
  5. Dämpfigkeit . . . . . . . . . . . . . . . . 55
  6. Hartschnaufigkeit . . . . . . . . . . . . . . 56
  7. Stätigkeit . . . . . . . . . . . . . . . . 56
  8. Koller . . . . . . . . . . . . . . . . . . 57
  9. Verschlag . . . . . . . . . . . . . . . . 57
  10. Kolik . . . . . . . . . . . . . . . . . . 58

**Vierter Abschnitt.** Von der Untersuchung des Alters und den darauf bezüglichen Veränderungen der Zähne . . . . . 59

**Fünfter Abschnitt.** Vom Koppen der Pferde . . . . 73

**Sechster Abschnitt.** Von der Untersuchung des Sehvermögens 75

**Siebenter Abschnitt.** Farbe und Größe des Pferdes . . . 82
  **Erstes Kapitel.** Von der Farbe und den Abzeichen der Pferde 82
  **Zweites Kapitel.** Von der Größe der Pferde . . . . 85

**Anhang.** Praktische Anweisung zur Ausführung einer Untersuchung der Brauchbarkeit des Pferdes . . . . . . . . 87

# Einleitung.

Wenn der Werth und die Nützlichkeit des Pferdes von jedem Stande zugegeben werden muß, so ist doch keiner mehr, als der des Kriegers, darauf hingewiesen, die Unentbehrlichkeit des Pferdes anzuerkennen. Der Cavallerist ist ohne Pferd nicht denkbar, und für das Geschütz ist dasselbe bis diesen Augenblick noch die beste bewegende Kraft. —

Wenn der Artillerist daher Ursache hat, sein Geschütz gründlich kennen zu lernen, so ist es für denselben nicht minder wichtig, die das Geschütz in Bewegung setzende Kraft richtig beurtheilen zu können, das heißt zu wissen, ob das Pferd überhaupt gesund ist, und in Bezug seines Baues dem beabsichtigten Zweck des Gebrauchs entspricht, ob es sich mehr zum Reit= oder zum Zugpferde eignet.

Daß man in vielen Fällen vielleicht gezwungen ist, das für den Reitdienst gebaute Pferd in den Zug zu nehmen, und auf das dem Baue nach als Zugpferd geeignete einen Reiter zu setzen, ist immer nur als Nothhülfe und nie als Norm zu betrachten.

## Erster Abschnitt.

Kurze Uebersicht über die Structur und Beschaffenheit derjenigen inneren Theile des Pferdekörpers, welche auf die Hervorbringung der Bewegung Bezug haben.

Da man es bei der Beurtheilung eines Pferdes immer nur mit einem lebenden Wesen, und nicht mit einem Skelett zu thun hat, so soll letzteres hier auch nur in so weit in Betracht gezogen werden, als die Kenntniß desselben zur bessern Beurtheilung des lebenden Thieres erforderlich ist. In Figur I. ist das Bild des lebenden Thiers, in Figur II. das Bild des Skeletts dargestellt.

Die Knochen des Skeletts sind entweder als unbeweglich, wie zum Beispiel die Knochen des Stirn- und Nasenbeines, oder als beweglich, ein Gelenk bildend, mit einander verbunden.

Die unbewegliche Verbindung ist entweder unmittelbar oder mittelbar; mittelbar, indem zwischen zwei Knochen ein Knorpel eingeschoben ist, oder dieselben mit straffen kurzen Bändern vereinigt sind; die bewegliche oder Gelenk-Verbindung ist immer mittelbar.

Zunächst sind die Knochen der Gelenke an den Berührungsstellen meistens mit Knorpel überzogen; diese mit Knorpel überzogenen Gelenkenden der Knochen werden durch Bänder zu Gelenken vereinigt.

Die Knorpel vermindern, indem sie die sich berührenden Oberflächen zweier mit einander verbundenen Knochen in Gestalt einer dünnen Platte überziehen, die Reibung und den Druck zwischen den Knochen. Die Bänder, welche die Gelenke verbinden, gehen mit ihren Enden in die Knochenhaut, eine sehnige Haut, womit die Knochen bekleidet sind, über, und sind entweder:

a) Kapselbänder, oder
b) bündelförmige Bänder.

a) Kapselbänder sind sehnige, häutige Cylinder, die mit ihren beiden offenen Enden die Gelenkenden zweier Knochen umfassen, und so um diese einen geschlossenen Raum, Gelenkhöhle, bilden.

In dieser Gelenkhöhle befindet sich ein vollkommen geschlossener Sack, welcher die Synovia oder Gelenkschmiere enthält und absondert, und daher auch Synovial-Kapsel genannt wird. Diese Synovial-Kapsel hängt mit ihrer äußeren Oberfläche an den beiden Knochen und am Kapselbande an. Durch die abgesonderte Gelenkschmiere wird das Ganze schlüpfrig erhalten, und die Bewegung erleichtert.

b) Bündelförmige Bänder sind aus parallel nebeneinander liegenden Sehnenfasern gebildete Stränge von verschiedener Gestalt. Diese Bänder unterstützen an den Gelenken die Kapselbänder und liegen außerhalb derselben.

Außerdem sind mehrentheils in der Nähe der Gelenke noch kleine Säcke, sogenannte Schleimbeutel, angebracht, welche zwischen den Sehnen und den Knochen liegen, Gelenkschmiere enthalten, und die leichtere Bewegung der Sehnen befördern. Die Bewegung der Knochen wird durch die

Muskeln hervorgebracht. Von der Stärke und Länge der Muskeln, und der Richtung, in welcher sie auf die Knochen wirken, hängt die Kraft der Bewegung ab. Außerdem geben die Muskeln dem Körper die Form.

Der Gestalt nach bezeichnet man die Muskeln entweder als lange, platte, oder breite und hohle. Bei jedem langen Muskel unterscheidet man einen Kopf, einen Bauch und einen Schwanz. Sehnen, oder richtiger Flechsen, sind ebenfalls Muskeln und unterscheiden sich nur von diesen durch eine festere, trockenere, biegsamere und strangförmigere Form und durch die weiße silberartige Farbe. Sie bilden den Kopf und den Schwanz der langen Muskeln, und eignen sich ihrer Festigkeit und dünnen Form wegen, diese auch an kleine Punkte der Knochen anzuheften. Sehnenscheiden sind aus sehniger Substanz gebildete Kanäle, wodurch die Sehne oder Flechse in ihrer Richtung erhalten und geschützt wird. Diese Sehnenscheiden enthalten eine der Gelenkschmiere ähnliche Substanz.

Obgleich nun die Muskeln als die mechanischen Werkzeuge zu betrachten sind, durch deren unmittelbare Einwirkung auf die Knochen diese letzteren in Bewegung gesetzt werden, so erhalten sie doch erst durch die Nerven ihre eigentliche Lebenskraft. Die Nerven entspringen aus dem Gehirn und dem mit diesem in Verbindung stehenden Rückenmarke, und vertheilen sich als markfasrige Stränge oder Fäden in den kleinsten Verzweigungen durch alle Theile des Körpers. Durch diese Nervenzweige erhalten die Muskeln ihre lebendige Wirksamkeit, so daß, wenn der den Muskel belebende Nerv durchschnitten wird, die Thätigkeit dieses Muskels aufhört. Ebenso findet eine Verbindung der einzelnen Theile des Körpers und der Sinnesorgane mit dem Gehirn durch Nervenzweige statt, vermöge welcher das Thier fühlen, und seine Sinne in Thätigkeit setzen kann; ein Durchschneiden des Augennervs macht das Pferd blind durch schwarzen Staar.

Alle diese Gebilde, als: Knorpel, Bänder, Sehnen, Muskeln, Scheiden und Nerven, sind, abgesehen von andern Ursachen, durch übermäßige Anstrengungen Krankheiten unterworfen, welche sich den benachbarten Theilen mittheilen, theils heilbar, theils unheilbar sind, und die Brauchbarkeit des Pferdes mehr oder weniger beeinträchtigen.

## Zweiter Abschnitt.

**Eintheilung des Pferdes in seine drei Haupttheile, sowie Anführung und Beschreibung der einzelnen Theile in ihrer normalen Beschaffenheit nebst Angabe der bei denselben vorkommenden Fehler und Krankheiten.**

Figur I. Man theilt das Pferd in 3 Haupttheile ein, und zwar in die Vorhand, die Mittelhand, und die Hinterhand.

Zur Vorhand zählt man den Kopf A., den Hals B., den Widerriß C., die Brust E., die Schultern D., und das Uebrige der vordern Gliedmaßen.

Zur Mittelhand: den Rücken G., die Lenden H., die Flanken V., die Rippen K., und den Bauch R.

Zur Hinterhand: das Kreuz oder die Kruppe M., die Hüften W., den Schweif O., den After und die Geschlechtstheile des einen oder andern Geschlechts, die Backen P., die Kniescheibe Z., und das übrige der hintern Gliedmaßen.

---

## Erstes Kapitel.
### Die Vorhand.

1. Der Kopf.

Der Kopf ist aus sehr vielen Knochen zusammengesetzt, hauptsächlich wohl um die Geburt zu erleichtern, indem die verschiedenen Knochen hierbei, noch nicht fest mit einander vereint, nachgeben, ja sich selbst mehr oder weniger über einander schieben, und erst im spätern Alter in der von der Natur vorgeschriebenen Lage fest mit einander verwachsen, was an dem, beim ausgewachsenen Schädel sich markirenden Nähten ersichtlich ist. Von den vielen Knochen mögen daher hier nur einige erwähnt werden.

Figur II. 1. Der Unterkiefer, an welchem der mit 2. bezeichnete Theil die Ganasche genannt wird. Abgesehen davon, daß mit der Breite und Größe der Ganasche auch in der Regel ein großer schwerer Kopf verbunden ist, so kömmt hauptsächlich der Raum zwischen den beiden Ganaschen in Betracht; je größer dieser Raum ist, desto freier und leichter kann das Thier den Kopf bei einer sonst regelmäßigen Bildung der übrigen Theile nach der einen oder andern Seite bewegen, besonders wichtig für das Reitpferd, weniger für das Zugpferd.

3. Der Oberkiefer.

4. Das Nasenbein ist bei einem schönen Kopf grade; gekrümmt, nach außen gebogen, bildet es den Ramskopf, umgekehrt nach innen gebogen, den Hechtkopf. Ist nur das Nasenbein nach außen gebogen, so wird der Kopf ein halber, ist aber auch die Stirn und der Vorkopf mit nach außen gebogen, ein ganzer Ramskopf genannt.

5. Die Augenhöhle wird durch die Verbindung mehrerer Knochen gebildet. Diese sind: das Stirn= und Keilbein, das Thränenbein, das Oberkiefer= und Jochbein.

6. Das Stirnbein ist noch mehr als das Nasenbein geeignet, auf Blut und Race des Pferdes hinzudeuten. Eine breite Stirn, verbunden mit einem breiten, eckigen Vorderkopf, ist das Gepräge von Muth und Verstand, Eigenschaften des edlen Pferdes.

7. Das Scheitelbein, und

8. Das Oberhauptbein, beide bestimmt, das Gehirn einzuschließen und zu schützen.

9. Die Zähne im Ober= und Unterkiefer.

Gehen wir jetzt zur Betrachtung des Kopfs am lebenden Thiere über, so zeigt Figur I.

7. den Vorkopf,
6. die Stirn,
4. die Nase,
3. die Nasenlöcher oder Nüstern.

Da das Pferd nur durch die Nase athmet, so müssen die Nüstern weit und elastisch sein; — weite Nasenlöcher sind etwas Characteristisches am Race=Pferde. Der innere Theil der Nasenlöcher ist mit der sogenannten Schleimhaut ausgekleidet. Diese Haut ist im gesunden Zustande rosenroth und frei von allen Flecken, Streifen und Geschwüren;

eine hochrothe oder sehr blasse graue Farbe deutet auf einen krankhaften Zustand hin, chancröse Geschwüre auf Rotz.

9. Das Maul mit Ober= und Unterlippe soll gut geschlossen, und nicht zu kurz gespalten sein, indem ein kurz gespaltenes Maul nicht vortheilhaft für die Zäumung ist, die Lippen sollen nicht herunterhängen, und feine Lippen deuten auf Race.

10. Das Kinn, und
11. Die Kinnkettengrube.
12. die Ganasche soll nicht zu breit sein und im Verhältniß zur Länge des Kopfes stehen; der von den Ganaschen eingeschlossene Raum, der Kehlgang genannt, soll sich weit und ohne Drüsenanschwellung zeigen.

Das Auge soll groß und lebhaft, und in der Größe der beiden Augen kein Unterschied sein. Die einzelnen Theile desselben sind: der Augapfel, der innere Augenwinkel 5, der äußere 1, die Augenlieder nebst Augenwimpern der Augenbogen 8, die Augengrube 12.

13. Der Schopf, ein auf dem obersten Theil des Kopfes befindlicher, zwischen die Ohren auf die Stirn herabfallender Büschel Haare; er ist klein und feinhaarig bei Race=Pferden, dagegen stark und lang, den vorderen Kopf oft ganz bedeckend bei gemeinen Pferden.

Die Ohren sollen in Bezug ihrer Größe, der Größe des Kopfes proportionirt, aufrecht, und nicht zu viel zur Seite angesetzt sein. Zu kleine Ohren nennt man Mauseohren, zu lange Eselsohren, sehr breite und dicke Ohren sind Schaufelohren, lange, breite und herabhängende Ohren werden Schweineohren genannt.

Die Hauptsache ist eine freie Bewegung der Ohren;

eine lebhafte Bewegung derselben läßt in der Regel auf ein lebhaftes Temperament schließen. Das Ohr ist innerhalb mit Haaren bewachsen, theils um den Schall zu brechen, theils um das Eindringen fremder Körper zu verhindern. Wer daher die Ohren ausscheert, stört den Zweck der Natur.

Bei dem Innern des Mauls sind noch die Laden, die Zunge und der Gaumen zu betrachten. Die Laden sind diejenigen Theile des Unterkiefers, welche sich zwischen den Backen- und den Schneidezähnen befinden. Der scharfe oder mehr abgerundete flache Bau der Laden hat Einfluß auf die Wahl der Zäumung, eben so die Stärke der Zunge, und ist bei ihrer Untersuchung hauptsächlich darauf zu sehen, daß diese Theile nicht verwundet sind, die Zunge vielleicht gar nur halb vorhanden ist.

Der Gaumen hat mehrere Furchen. Die nach den Schneidezähnen zuliegenden Furchen sind, namentlich bei jungen Pferden, manchmal angeschwollen. Diese sogenannte Froschgeschwulst ist leicht zu heben, und ohne Nachtheil.

2. Der Hals.

Betrachten wir jetzt wieder Figur II., so setzt sich an den Kopf die Wirbelsäule des Körpers. Diese besteht zuerst aus den 7 Halswirbeln, wovon der erste, Atlas genannt, ein Gelenk, das Genick bildet; alle übrigen Wirbel sind ebenfalls durch Gelenke mit einander verbunden. Der 7., der letzte Halswirbel, ist der kleinste von allen, und ist außer mit dem ersten Rückenwirbel noch mit den ersten beiden Rippen verbunden, er hat einen Dornfortsatz, einen nach aufwärts sich fortsetzenden Knochen, der auch Stachelfortsatz genannt wird.

Wenn die Verbindung der Halswirbel unter sich so

feſt iſt, daß keine Verrenkung ſtattfinden kann, ſo iſt dieſes doch zwiſchen dem Oberhaupt=Bein und dem erſten, ſowie zwiſchen dieſem und dem zweiten Halswirbel nicht unmög= lich, was aber mit meiſt augenblicklicher Tödtung des Thieres verbunden iſt, da ſich das aus dem Gehirne entſpringende Rückenmark durch die Halswirbel hindurchzieht.

Daß das Pferd eine nicht unbedeutende Kraft bedarf, dieſe Halswirbelſäule und den am vordern Ende derſelben hängenden Kopf in die Höhe zu richten, überhaupt zu be= wegen, iſt einleuchtend. Für dieſen Zweck hat die Natur zunächſt durch das ſtarke Nackenband a geſorgt. Dieſes iſt am Kopf und zwar am Ober=Hauptbein befeſtigt, und geht von hieraus über ſämmtliche Halswirbel, den Wider= riß, bis zum Kreuze fort.

Daſſelbe iſt an ſämmtlichen Halswirbeln, nur nicht an den erſten beiden befeſtigt, ſehr ſtark und elaſtiſch, ſo daß es ſich in einem nicht geringen Grade ausdehnen und wieder zuſammenziehen kann.

Da das Band allein nicht hinreichen würde, den Kopf und Hals gehörig zu tragen und zu bewegen, ſo hat die Natur den Hals mit Muskeln verſehen, welche noch mehr als das Nackenband zu einem ſchönen Tragen des Halſes und Kopfes beitragen. Es iſt daher begreif= lich, daß ein Hals mit ſchwachen, kaum ſichtbaren Mus= keln, ſich nicht ſo tragen kann als der, bei welchem — bis zu gewiſſen Grenzen — das Gegentheil ſtattfindet, mithin auch für den Reitdienſt nicht ſo vortheilhaft, als letzterer iſt.

Bevor wir zur ſpeciellen Bezeichnung einiger Hals=

muskeln übergehen, sei es erlaubt, das Aeußere des Halses am lebenden Thiere näher zu betrachten.

Figur 1. Der Hals hat 2 Seiten: den Kamm 14, mit Mähnenhaaren, welche dünner und feiner bei Race-Pferden, stark und dicht bei gemeinen Pferden sind, und die Kehle 15.

An den Seiten des Halses machen sich 2 Muskeln mehr oder weniger bemerkbar, der große durchflochtene Muskel 1, und der gemeinschaftliche Muskel des Halses, Kopfes, und Querbeins 2.

Der erstere wirkt mit auf das Erheben des Kopfes und trägt wesentlich zur regelmäßigen Krümmung des Kammes bei, der zweite wirkt noch mehr als der erste auf das Aufrichten des Halses und Tragen des Kopfes ein. Zwischen beiden liegt der sich weniger markirende milzförmige Muskel, welcher ebenfalls den Kopf und Hals aufhebt. Diese Muskeln müssen an der Schulter am stärksten, und nach dem Kopfe hin schwächer werden.

Ein gut gebauter Hals ist oben nicht zu breit und stark, nach unten gegen die Schulter zu aber fleischig und muskulös; fleischarme und nicht muskulöse, sogenannte lockere Hälse, werden bei aller Mühe und Kunst nie eine stete Haltung, nie eine stete Anlehnung am Gebiß gewähren.

Zu den fehlerhaften Hälsen rechnet man zuerst den sogenannten Speckhals. Der Kamm des Halses ist hier im Allgemeinen zu stark, und mit Fett überladen, so daß er schwer und dick, wie Speck anzufühlen, was zuweilen so bedeutend ist, daß ein Umlegen des Kammes nach einer Seite stattfindet.

Ein zweiter fehlerhafter Hals ist der sogenannte Hirsch-

oder verkehrte Hals, wobei der Kamm statt nach außen, nach innen gebogen, — wie ausgehöhlt — erscheint, und die untere Linie des Halses oder der Kehle, einen bedeutenden Bogen nach außen bildet. Der Grund hierzu ist in einer fehlerhaften Verbindung der einzelnen Halswirbel zu suchen; das Pferd trägt die Nase unnatürlich in die Höhe, und den Kopf zurück. Am Genick kommt meistens in Folge einer Quetschung der Haut und der darunter liegenden Theile eine Geschwulst vor, die man Genickbeule nennt, sie ist nach der Größe und dem Mitleiden der tiefer liegenden Theile verschieden zu beurtheilen.

3. Der Widerriß.

An die 7 Halswirbel der Wirbelsäule des Körpers schließen sich nun zunächst die 18 sogenannten Rückenwirbelbeine an, Figur II. Der Rückenwirbel hat auf der obern Fläche einen Dornfortsatz b, ferner ist auf jeder Seite eine Rippe befestigt.

Die 9 ersten Rückenwirbel bilden den Widerriß. Von der Länge der Dornfortsätze hängt es ab, ob das lebende Thier einen hohen oder niedrigen Widerriß C. Figur I. hat. Bei einem normalen Bau des Pferdes soll der Widerriß etwa um einen Zoll höher sein, als die Kruppe. Ist der Widerriß niedriger als die Kruppe, so nennt man das Pferd: überbaut.

Ein sehr niedriger Widerriß gewährt selten eine gute Sattellage, wogegen ein zu hoher Widerriß Beschädigungen durch den Sattel leicht ausgesetzt ist.

4. Die Brust.

Der sogenannte Brustkorb, Figur II., wird gebildet von den Rückenwirbeln nach oben, von den Rippen zur

Seite, und dem Brustbein c, nach unten. Die auf jeder Seite 8 ersten oder wahren Rippen, zum Unterschiede von den 10 andern, welche falsche Rippen genannt werden, sind durch Knorpel mit dem Brustbein c verbunden. Die falschen Rippen sind unter sich und mit der letzten wahren Rippe durch Knorpel verbunden.

In diesem Brustkorbe liegen die edelsten Theile der Eingeweide, als: Herz und Lunge, die großen Gefäß=stämme ꝛc. Je geräumiger der Brustkorb ist, desto freier und vollkommener kann sich namentlich die Lunge bewegen; besonders wichtig für jedes Thier, von welchem man Schnelligkeit und Dauer der Bewegung verlangt, indem das kräftigste Thier beim Mangel an Luft aufhören muß, von seiner Kraft Gebrauch zu machen.

Wenn wir von Geräumigkeit des Brustkorbes reden, so ist hierbei hauptsächlich von den Dimensionen der Breite und Höhe oder Tiefe die Rede. Die Breite wird bedingt durch die Wölbung der Rippen; je flacher der Bogen der=selben, desto geringer ist das Maaß der Breite des Raumes. Die Höhe oder Tiefe geht aus der Länge der Rippen hervor. Diese Höhe oder Tiefe der Brust wird im Allge=meinen durch eine schräge Linie vom Endpunkte des Wider=risses bis zum Ellenbogen, g, gemessen; je länger diese Linie, desto tiefer der Brustkorb.

Betrachten wir jetzt die Brust des lebenden Thiers in Figur I. so würde die Linie a b die Tiefe der Brust an=geben. In Bezug der Breite soll die Brust in ihrer vor=dern Fläche nicht zu breit erscheinen, und sich bis hinter die Schultern tonnenförmig erweitern. Nur durch eine sich tonnenförmig von vorne nach hinten erweiternde Brust kann man auf eine für die innern Theile gehörige Geräumigkeit der Brust schließen.

Ist die Brust in ihrer vordern Fläche sehr breit, ohne sich tonnenförmig bis hinter die Schultern zu erweitern, so läuft sie in der Regel bis hinter diese spitz und sich verengend zu, gewährt also nicht allein nichts von den Vortheilen einer breiten Brust, sondern wirkt nachtheilig auf die Schnelligkeit der Bewegung, indem in der Regel mit einer solchen sich nur in der vordern Fläche breit präsentirenden Brust eine nicht unbedeutende Schwere verbunden ist, welche nicht allein schwer bewegt, sondern auch schwer unterstützt werden kann, mithin nachtheilig auf die Vorderbeine wirken muß.

Das Reitpferd soll daher eine, vorne nicht zu breite, aber sich bis hinter die Schultern tonnenförmig erweiternde und tiefe Brust haben.

Das Zugpferd ist weniger als das Reitpferd auf besonders rasche Bewegungen angewiesen, es soll vielmehr ein gewisses Gewicht, eine gewisse Schwere nach vorne, ins Geschirr legen. Da nun eine vorn breit gebaute Brust auch in der Regel eine nicht unbedeutende Schwere hat, selbst wenn sie nicht tonnenförmig nach hinten gebaut wäre, so soll die Brust des Zugpferdes bei gehöriger Tiefe und tonnenförmiger Form vorne möglichst breit sein.

Auf die Beschaffenheit der Haut und der darunter liegenden Theile, an den Stellen, wo beim Zugpferde das Geschirr aufliegt, ist besonders Rücksicht zu nehmen.

5. Die vordern Gliedmaßen.

Zu den vordern Gliedmaßen Figur II, rechnet man das Schulterblatt d, das Querbein e, das Vorarmbein f, mit dem Ellenbogenbein g, das Knie h, das Röhrbein i, mit den beiden Griffelbeinen k, die beiden Gleichbeine l, (auch Fessel= oder Köthengelenkbeine genannt), das Fessel=bein m, das Kronbein n, das Hufbein o, das Strahlbein p.

    a. Die Schulter und das Querbein.

Das Schulterblatt ist ein platter, nach unten an Breite abnehmender Knochen, dessen innere, dem Pferde zugekehrte Seite, platt ist, dessen äußere Seite aber durch eine senk=recht darauf befindliche Erhabenheit, Gräte genannt, in zwei ungleiche Theile getheilt wird.

Die Verbindung des Blattes mit dem übrigen Körper ist nicht durch Knochen, sondern durch Muskeln hervorge=bracht, von welchen hauptsächlich der breite gezähnte oder Rippen=Schulter=Muskel zu erwähnen ist. Dieser große starke Muskel, welcher von den Rippen ausgehend, sich mit der innern Fläche des Blattes und dem Körper ver=bindet, nimmt alle Stöße, welche die Vorhand mittelst Bewegung erhält, in sich auf, wodurch die inneren edlen Theile des Brustkorbes viel weniger erschüttert werden und leiden, als wenn die Natur die Verbindung der Schultern mit dem Körper durch Knochen bewirkt hätte.

Das Schulterblatt ist durch das Buggelenk q, mit dem Querbein e verbunden, und dieser Theil am Pferde wird Bug genannt; das Querbein ist wieder mit dem Vorarmbein durch das Ellenbogengelenk r verbunden.

Zieht man die Bewegung der vordern Gliedmaßen in Betracht, so kann man annehmen, daß diese von der Schulter ausgeht. Der untere Theil des Schulterblattes wird nämlich durch die darauf hinwirkenden Muskeln in die Höhe gehoben; hierdurch wird das Querbein und so das mit diesem verbundene Vorarmbein nach vorne bewegt. Nimmt man nun das Buggelenk q als Unterstützungspunkt an, so geschieht die Wirkung des Querbeins und Schulterblatts auf das Uebrige der vordern Gliedmaßen in der Gestalt eines doppelarmigen Hebels, wobei das Schulterblatt der Hebelsarm der Kraft, und das Querbein der Hebelsarm der Last, d. h. des Vorarmbeins und der übrigen Knochen, ist. Hieraus folgt nun, daß das Querbein im Verhältniß zur Länge des Schulterblatts nicht kurz genug sein kann, indem hierdurch die Kraft um so vortheilhafter auf die Last einwirkt. Nächst diesem ist nun noch die Richtung der Kraft auf das Schulterblatt, den Hebelsarm der Kraft, in Betracht zu ziehen. Je senkrechter die Kraft auf den Hebelsarm der Kraft gerichtet ist, desto vortheilhafter ist die Richtung, in welcher die Kraft wirkt, und desto größer die Wirkung. Da nun die schräge Schulter den auf sie einwirkenden Muskeln eine senkrechtere Richtung gewährt, als die steile oder auf dem Querbein grade gestellte Schulter, so gewährt auch eine schräge Schulter gegen eine grade der auf sie einwirkenden Kraft eine vortheilhaftere Richtung, woraus unter sonst gleichen Umständen eine kräftigere, leichtere Bewegung der vordern Gliedmaßen hervorgehen muß.

Die schräg gestellte Schulter bietet aber noch zwei andere Vortheile gegen die grade gestellte Schulter. Erstens: wird die Gewalt des Stoßes, womit das Gewicht der Vorhand auf die Vorderfüße wirkt, bei einer schräg gestellten Schulter mehr gebrochen, als bei einer auf dem Querbein mehr oder weniger senkrecht stehenden Schulter; zweitens kann das Pferd bei einer senkrecht gestellten Schulter den Bug nicht so viel erheben, und das Querbein und die damit verbundenen Gliedmaßen nicht so weit vorbringen, als dies bei einer schräg gestellten Schulter möglich ist.

Die schräg gestellte Schulter wird daher ganz besonders dem Reitpferde eigenthümlich sein, wogegen die grade oder steile Schulter dem Zugpferde angehört, und zwar nicht deshalb, weil man die Vortheile der schrägen Schulter nicht auch für den Zugdienst gebrauchen könnte, sondern weil eine grade, steile Schulter dem Kummt eine festere, beharrlichere Lage gewährt, als eine schräge Schulter, ferner, weil die Schulter in senkrechter Linie dem Widerstande der Last viel passender entgegengesetzt ist, als in schräger Linie, und endlich die steile Schulter in der Regel fleischig, mit einer schweren Vorhand verbunden, mehr Gewicht als die schräge Schulter ins Geschirr legen kann.

Von den mehr oder weniger am lebenden Thiere hier bemerkbaren Muskeln, welche auf Schulter, Querbein und die Bewegung der vordern Gliedmaßen überhaupt Einfluß haben, sind außer dem schon erwähnten gemeinschaftlichen Muskel des Kopfes, Halses und Querbeins, welcher das Querbein streckt und die ganze Gliedmaße vorwärts bewegt, noch der vordere und hintere Grätenmuskel zu bemerken, 3 und 4 Figur I. Beide wirken besonders auf das Querbein, und zwar der erstere auf das Strecken, der zweite auf das Auswärtsdrehen und theilweise Beugen desselben, ferner die Streckmuskeln des Vorarms, 5 Figur I.

Zieht man die Wirkung dieser 4 Muskeln auf die Bewegung der vordern Gliedmaßen in Betracht, so ist leicht zu begreifen, daß die Muskel=Partie, 5 Figur I, nicht leicht zu stark erscheinen kann.

b. Das Vorarmbein und der Ellenbogen.

Das Vorarmbein, f, und das Ellenbogenbein, g Figur II, sind die Knochen des beim lebenden Thiere sogenannten Vorarms, c Figur I. Das Vorarmbein ist, wie schon früher erwähnt, durch das Ellenbogen=Gelenk, r Figur II, mit dem Querbein verbunden.

Das Ellenbogenbein, g, beim ausgewachsenen Thiere mit dem Vorarmbein fest verwachsen, hat einen starken Fortsatz hinter dem Ellenbogen=Gelenk, welcher Ellenbogen genannt wird. Der Vorarm des lebenden Thieres, c Figur I, soll von der Seite gesehen breit und muskulös sein; von den verschiedenen Muskeln soll besonders der Strecker des Schienbeins (Strecker des Vorder=Mittelfußes) 6, stark hervortreten. Da nun ein langer Ellenbogen in der Regel einen breiten Vorarm bedingt, so ist im Allgemeinen ein langer Ellenbogen vortheilhafter als ein kurzer. Außerdem soll der Vorarm, c, senkrecht auf dem Knie stehen und im Verhältniß zum Röhrbein, i, mehr lang als kurz sein. Der kurze Vorarm hat mehr Action, ist aber nicht so dauerhaft und kräftig als der lange Vorarm.

An der inneren Seite des Vorarms befindet sich die Hornwarze, cc. Sie ist stärker bei gemeinen, kleiner bei besseren Racen.

c. Das Knie.

Das Knie, h, Figur II. ist das Gelenk zwischen dem Vorarmbein und Röhr= oder Schienbein; es besteht aus 7 von vielen Bändern umgebenen Knochen, von welchen 6 in zwei Reihen aufeinander gelagert, die Last des Körpers besonders tragen. Der 7. Knochen, Hakenbein genannt, liegt nach hinten an der äußern Seite der obern Reihe.

Durch die Bildung des Kniegelenks aus mehreren Knochen wird der dieses Gelenk treffende Stoß auch auf die verschiedenen Knochen vertheilt, kann mithin nicht so erschütternd auf das Ganze wirken, als wenn das Gelenk nur von zwei Knochen gebildet wäre. Da sich aber nicht leugnen läßt, daß das Gelenk immer sehr zusammen gesetzt ist, so kann auch eine gewisse Stärke und Breite der Knochen selbst nur wünschenswerth erscheinen. Das Knie, h Figur I. soll daher beim lebenden Thiere, sowohl von vorne als von der Seite gesehen, breit und stark erscheinen.

d. Das Röhrbein.

Das Röhrbein besteht eigentlich aus drei Knochen, dem Röhrbein selbst, Figur II. i, und den beiden Griffelbeinen, k.

Die Griffelbeine, welche mit der hintern Fläche des Röhrbeins im spätern Alter verwachsen, sind oben am stärksten und laufen nach unten spitz zu. Sie nehmen Antheil am Tragen der Last, indem einer der untern Kniegelenkknochen auf dem innern Griffelbeine allein ruht; das äußere Griffelbein dagegen nur theilweise im Verein mit dem Röhrbeine den untern Knieknochen zur Unterstützung dient.

Bei dem Röhrbeine kommen drei Beugesehnen in Betracht; zuerst der Beugemuskel des Fesselbeins. Er liegt dem Röhrbeine zunächst, entspringt oben an demselben und der untern Reihe der Knochen des Kniees, geht zwischen den Griffelbeinen herab an die Gleichbeine und an die hintere Fläche des Fesselbeins, theilt sich in mehrere Aeste, die bis an das Kron- und Hufbein gehen, indem sie sich mit den andern Sehnen verbinden. Hinter dieser Beugesehne liegen die beiden andern längern Beugesehnen, deren

Muskeln unten am Querbein entspringen, über den hintern Theil des Knies fortgehen und so beim lebenden Thiere die hintere Seite des Röhrbeins bilden. Die vorderste und stärkste von Beiden, Beuger des Hufbeins, endigt, indem sie durch die hinterste hindurchtritt und über das Strahlbein wie über eine Rolle hinweggeht, an der untern Fläche des Hufbeins. Die hinterste dieser beiden Sehnen, Beuger des Kronbeins, theilt sich unter den Gleichbeinen in zwei Aeste, und tritt an das Kronbein. Beide Sehnen liegen dicht an einander und scheinen nur ein Ganzes zu bilden. Beim lebenden Thiere müssen sich diese drei Sehnen, die erste für sich, die zweite und dritte vereint, deutlich markiren. Figur I. linker Vorderfuß.

Außerdem soll das Röhrbein flach, und von der Seite gesehen, breit erscheinen. Dieses ist namentlich unter dem Knie von Wichtigkeit. Ein Pferd, was hier auf der hintern Seite förmlich wie ausgehöhlt erscheint, rechte Vorderfuß, Figur I. e, von dem sagt man, das Knie ist gedrosselt; die Sehnen sind hierbei zu sehr gegen das Röhrbein zusammengepreßt, wodurch sie in sich geschwächt und in der freien Bewegung gehindert sind. Solche unter dem Knie gedrosselte Röhrbeine taugen nicht viel, und verdienen mehr Beachtung, als dem Gegenstande in der Regel gewidmet wird.

e. Das Fesselbein und die Gleichbeine.

Das Fesselbein, m, bildet mit dem Röhrbein das Fessel- oder Köthen-Gelenk, ch, Figur II. Die untere abgerundete Fläche des Röhrbeins wird durch einen runden, hervorstehenden Knochenfortsatz in 2 Hälften getheilt, wonach auch die obere Fläche des Fesselbeins eingerichtet und das Gelenk nur auf die Bewegung vorwärts und rückwärts beschränkt ist.

Das Fesselbein, m, steht in einer mehr oder weniger schrägen Richtung zum Röhrbein, eine Stellung, welche nicht geeignet scheint, die in der Richtung des Röhrbeins auf dasselbe fallende Last gehörig aufzunehmen. Die Natur hat daher für noch 2 andere Knochen gesorgt, auf welche die Last des Körpers, in der Richtung der Röhrbeine auch wirken muß, nämlich die beiden Gleichbeine, l.

Wenn das Fesselgelenk vermöge der einwirkenden Last sich nach rückwärts durchbiegt, so fällt ein Theil derselben auf die Gleichbeine, welche in der sie umgebenden Beugesehne ihren Stützpunkt finden. Wenn nun hierdurch gewiß ein nicht unbedeutender Theil der Last dem Fesselbeine abgenommen wird, so wünscht man dasselbe doch im Verhältniß zum Röhrbeine möglichst breit gebaut. Je länger das Fesselbein ist, desto schräger ist es auch angesetzt, und desto mehr muß das Gewicht auf die Gleichbeine wirken. Da aber die Unterlage der Gleichbeine nachgebend ist, so wird auch das Gefühl beim Reiten angenehmer sein, als wenn der größte Theil des Gewichts auf das Fesselbein gerichtet wird, was beim kurzen, grade gestellten Fesselbein der Fall ist. Da nun aber ein langes Fesselbein die Beugesehne mehr in Anspruch nimmt als ein kurzes Fesselbein, so wird letzteres auch für alle gewaltsamen Anstrengungen der Vorhand geeigneter erscheinen als ersteres. Man wähle daher in Betreff der Länge des Fessels, m Figur I. beim lebenden Thiere die Mittelstraße, wobei das für den Zug bestimmte Pferd kürzer, das für den Reitdienst gewählte Pferd länger gefesselt sein kann.

Hinter dem Fesselgelenk befindet sich bei gemeinen Pferden ein starker Haar-Behang, und darunter eine hornartige Spitze, welche man den Sporn nennt; edle Pferde haben statt dessen nur ein kleines Bündel Haare, welches die Haarzotte oder der Köthenzopf, Figur I. p, genannt wird.

f. Das Kronbein.

Das Kronbein, n Figur II. ein kurzer, starker Knochen, macht die Verbindung zwischen dem Fessel- und Hufbein, bildet nach oben mit ersterem das sogenannte Kronengelenk cb, indem es auf seiner obern Fläche zwei Vertiefungen hat, worin sich der darnach geformte untere Theil des Fesselbeins bewegt; nach unten bildet das Kronenbein mit dem Huf- und Strahlbein das sogenannte Hufgelenk bb. Am lebenden Thiere wird der durch das Kronbein bezeichnete äußere fleischige Theil die Krone genannt, n Figur I.

g. Der Huf.

Durch das obenerwähnte Hufgelenk reiht sich dem Kronenbein das Hufbein, Figur II. o, an. Die Form desselben ist ähnlich der des äußern Hufs; die obere Fläche ist, der untern Fläche des Kronbeins gemäß, zu einem Gelenk gebildet. Die untere Fläche ist hohl geformt, und scheint darauf hinzudeuten, daß der äußere Rand des Hufbeins mehr als die innere Fläche desselben zum Tragen des Körpers bestimmt ist.

Hinter dem Hufbeine liegt das Strahlbein, p Figur II. Es bildet mit dem Huf- und Kronenbeine ein Gelenk, und dient dem Beuger des Hufbeins, welcher, wie schon erwähnt, über dasselbe fortgehend sich an der untern Fläche des Hufbeins befestigt, gewissermaßen als Rolle; anderntheils wird durch das Strahlbein die Sehne selbst in gehöriger Entfernung vom Huf= und Kronenbeine gehalten. So wie sich die hinter liegenden Beugesehnen am Fessel= Kron= und Huf=Beine befestigen, befestigen sich auch die vorne liegenden Strecksehnen an diesen Knochen. Die ver= schiedenen Gelenke derselben sind mit sehr starken Bändern mit einander verbunden.

Das Hufbein ist mit einer Fleischmasse umgeben, die in ihrer äußern Form Aehnlichkeit mit der des Hufes hat. Die Fleischmasse — Fleischwand, Fleischsohle und Fleisch= strahl genannt — ist von dem Hufe, o Figur I, welcher durch den Saum mit der Haut verbunden ist, umgeben. Der Huf dient den innern Theilen sowohl zum Schutz als zum Tragen des ganzen Körpers.

Die Hornwand des Hufs, Figur III, wird eingetheilt in die Zehe, den vordern Theil, a, die beiden Seiten= wände, b, die beiden Trachten, c, und die Eckstreben, g, Figur V. Außerdem werden zum Huf aber auch noch die beiden Ballen, d, Figur III, gerechnet. Der obere Rand der Hornwand (der Saum) ist von einer weicheren Horn= masse umgeben, welche das Saumband heißt.

Die Wand ist an der Zehe am dicksten, und an den Trachten am dünnsten; außerdem ist sie auf ihrer innern Fläche in unzählige, von oben nach unten laufende feine Hornblättchen getheilt, Figur IV. Da nun die äußere Fläche der Fleischwand ebenfalls aus Blättchen gebildet ist, welche mit ihren nach außen gekehrten freien Rändern in die Zwischenräume der Hornblättchen treten, so daß ein Hornblättchen mit einem Fleischblättchen abwechselt, so ist hierdurch eine sehr solide und elastische Verbindung zwi= schen der Hornwand und der Fleischwand bewirkt.

Betrachtet man die untere Fläche des Hufes, so bemerkt man, daß die nach hinten immer dünner werdende Wand sich nicht hinten schließt, sondern sich von beiden Seiten keilförmig nach innen wendet. Durch diese Umwendung der Wand, die sich bis an die Spitze des Strahls fortsetzt, und dort mit der andern Seite verbindet, werden die Eckstreben, g Figur V, gebildet. Der in diesen keilförmigen Raum eingeschobene Körper, h, wird Strahl genannt, und ist eigentlich als die Feder des Hufs zu betrachten, indem er, sich durch den Druck der Last auseinandergebend, eine Ausdehnung des Hufs zur Seite gestattet und beim Nachlassen des Drucks sich wieder zusammenziehend dem Hufe in die ursprüngliche Form zurück zu gehen erlaubt. Die Hornmasse des Strahls ist weicher und elastischer, als die des übrigen Hufs, sie geht nach hinten und oben in die Haut über, die die Fortsetzung des Fleischstrahls überzieht und gleichzeitig mit dieser und den Trachten die beiden Ballen, d Figur III, einschließt. Außer dem angeführten Zweck des Strahls, federartig auf den ganzen Huf zu wirken, schützt und unterstützt er den Fleischstrahl, der wieder ganz besonders als Unterlage — Kissen der Beugesehne zu betrachten ist. Auch die flüchtigste Betrachtung dieses Baues muß es begreiflich machen, wie kurze Gallopaden auf dem Steinpflaster die Beugesehnen erschüttern und die Füße zerstören.

Die Eckstreben streben dem Drange der Wand gegen den Strahl entgegen, schützen also den Strahl und dürfen beim Beschlag weder zu sehr geschwächt, noch gar durchgeschnitten werden; der übrige Theil der untern Fläche des Hufes, f Figur V, wird Sohle (Hornsohle) genannt. Die

Verbindung der Sohle mit der Hornwand markirt sich durch eine weiße Linie, sie selbst ist dünner und weicher als die Wand.

Wenn es erwiesen ist, daß durch die Verbindung der Fleischwand mit der Hornwand haupsächlich das Tragen der Last des Körpers bewirkt wird, so läßt sich doch behaupten, daß auch die Sohle etwas unterstützend hierbei mitwirkt. Ist der Druck vermöge der stärkern Bewegung nun so groß, daß das Hufbein mehr oder weniger herabgedrückt wird, so würde die Fleischsohle gequetscht werden, wenn die Hornsohle nicht elastisch nachgebend wäre; die Hornsohle darf daher nicht mit dem untern Rande der Wand in gleicher Höhe liegen, indem hierbei kein Nachgeben der Sohle möglich ist; sie ist demnach bei einem gut gebauten Hufe etwas ausgehöhlt, und nähert sich in ihrer Form mehr dem Kreis als dem Oval.

Der Huf soll rücksichtlich seiner Größe der Schwere und Größe des Thiers proportionirt sein. Die Hornwand darf weder zu steil, noch zu schräg gegen den Boden gerichtet sein; eine zu steile Wand verräth Zwang, eine zu schräge und dabei an der Zehe nach innen gebogene Wand Vollhuf.

Man sagt, daß die schwarze Hornwand mehr Festigkeit als die weiße verspreche; gewiß ist es aber, daß wenn die Hornwand gereift, geringelt, nicht glatt und eben erscheint, man auf vorüber gegangene Krankheiten, besonders auf frühere Entzündung schließen kann.

Die Trachten sollen eine geringere Höhe haben als die Zehe des Hufs; der Strahl soll an den Trachten nicht zusammengezogen, nicht rauh und brüchig erscheinen, sondern rein sein, und mehr oder weniger bis zur Mitte der Sohle reichen.

---

## Zweites Kapitel.
### Von den Fehlern und Krankheiten, womit die vorderen Gliedmaßen behaftet sein können.

Wenn die vorderen Gliedmaßen bisher nur in der Art betrachtet sind, wie sie gebaut sein sollen, und wie ihr Bau das Pferd mehr für den Reit- oder Zug-Dienst geeignet macht, so mögen nun die verschiedenen Fehler und Krankheiten, womit dieselben behaftet sein können, in Betracht gezogen werden.

1. Fehlerhafte Stellung der Vorderfüße.

Die Stellung der Vorderfüße soll, von vorn gesehen, an der Brust etwas weiter als an den Hufen sein; von der Seite gesehen, sollen die Füße grade, und die Knie weder nach vorne noch nach hinten gebogen erscheinen, die Füße sollen weder zu viel noch zu wenig unter dem Leibe stehen. Die Stellung ist indeß für gut zu betrachten, wenn bei grade gestellten Füßen die Zehe des Hufs unter der Spitze des Bugs steht.

Eine fehlerhafte Stellung des Kniees ist die vorbügige, welche stattfindet, wenn das Pferd mit den Vorderknieen nach vorn gebogen steht (in den Knieen hängt). Dieser Fehler ist in der Regel die Folge zu frühzeitiger und zu großer Anstrengungen, und macht das Pferd im Gange unsicher. Ein solches Pferd ist daher nicht zum Reitdienst geeignet, wogegen es im Zuge noch recht gute Dienste leisten kann. Manche Pferde sind indessen von Natur etwas vorbügig, was nur als Schönheitsfehler zu betrachten ist. — Seltner findet der entgegengesetzte Fehler, eine rückbügige Stellung der Vorderknice statt; derselbe ist in der Regel angeboren, und zeugt von Schwäche auf den Vorderfüßen.

Ferner kann die Form und Stellung des Fessels ein Grund vorhandener Fehler sein.

Wenn bei lang gefesselten Pferden von schlaffem Faserbau die Beugesehnen des Kron= und Hufbeins unter den Gleichbeinen soviel nachgeben, daß das Köthengelenk sich stark zur Erde neigt, so bezeichnet man diesen Fehler mit dem Ausdruck: „das Pferd tritt durch,“ und sind derartige Pferde weder kräftig noch schnell. — Bei kurzgefesselten Pferden ist zuweilen das Köthengelenk nur wenig oder gar nicht gebogen, so daß der Fessel beinahe senkrecht steht. Solche Pferde werden stelzfüßig genannt, und sind zum Reiten nicht zu gebrauchen.

Abweichungen von der normalen, gradeaus gestellten Richtung des Fessels und Hufs haben theils das sogenannte Fuchteln (eine seitwärts kreisende Bewegung mit dem unteren Theil des Fußes während des Ganges) theils ein Uebertreten zur Folge. Dergleichen Fehler sind Ursache, daß die Pferde eher ermüden und sich leicht streifen, d. h. daß sie während der Bewegung mit dem Hufe des einen Fußes gegen das Fesselgelenk des nebenstehenden schlagen, wodurch Verletzungen des letzteren herbeigeführt werden. Aufgelockertes oder abgeschlagenes Haar sowie Spuren von Schmutz oder Hufschmiere an den Fesselgelenken lassen das Vorhandensein des Streifens erkennen.

2. Buglähmung.

Diese Krankheit hat ihren Sitz weniger im Gelenk, als in denjenigen Muskeln, wodurch die Schulter mit dem Körper verbunden, und die sich in der Nähe des Buggelenks überhaupt befinden. Diese Muskeln können entweder durch einen Stoß von außen gequetscht, oder durch Ausgleiten des Thieres und dergleichen mehr in einen krankhaften Zustand versetzt werden, wodurch Lahmgehen erfolgt. Diese Lähmung unterscheidet sich besonders dadurch von anderen Lähmungen, daß das Pferd bei der Bewegung mit der ganzen Fläche des Hufes auftritt, den größten Schmerz beim Heben des Fußes zeigt, und daß es, wenn der Schmerz sehr bedeutend ist, die Zehe dann nachschleppt, und im Stande der Ruhe nur diese auf den Boden zu bringen sucht, um auf diese Weise den leidenden Fuß mit möglichst wenigem Gewichte zu belasten. Dies sind alles Folgen der krankhaften Muskeln, durch welche die Schulter mit dem Körper verbunden und theilweise umgeben ist. Dieses Uebel ist in vielen Fällen unheilbar.

3. Stollbeule und Stollschwamm. Beides sind starke Geschwülste an der Spitze des Ellenbogens, welche in der Regel vom Druck des Eisens beim Liegen des Pferdes entstehen. Aus der Stollbeule entwickelt sich, wenn nichts dagegen gethan wird, der Stollschwamm. Die Beule fühlt sich weich und schwappend, der Schwamm hart an.

Beide Uebel sind, wenn auch nicht immer in kurzer Zeit, doch heilbar, und haben keinen bedeutenden Einfluß auf die Brauchbarkeit des Pferdes.

4. Knieschwamm, ist eine verhärtete kalte Geschwulst vorne am Knie, entstanden durch einen Schlag, Stoß oder Fall. Je stärker die Geschwulst, desto bedeutender ist das Uebel, so daß, wenn das Pferd auch augenblicklich nicht lahm geht, dieses doch für die Folge zu befürchten ist, indem sich nicht beurtheilen läßt, in wie weit das Innere des Kniees bei der ersten Verletzung mit betheiligt wurde.

5. Raspe, ist ein schrundender Ausschlag hinten am Knie, der, wenn auch nicht gerade Lähmung hervorbringt, doch dem Auge widerlich, und wenn man ihn vernachlässigt, nicht selten unheilbar wird.

6. Gallen sind geschwulstartige, schmerzlose, elastische Aufreibungen, welche sich besonders in der Nähe des Fesselgelenks zeigen. Uebermäßige Anstrengung in irgend einer Art oder ein von Natur schlaffer Faserbau kann Veranlassung zu Reizung und Entzündung der oben erwähnten Sehnenscheiden und Gelenkkapseln geben, in Folge dessen eine zu starke Absonderung von Synovia stattfindet und die Ausdehnung dieser Theile bewirkt.

Es giebt wenig Pferde, die ganz frei von Gallen sind, und es schaden dieselben der Brauchbarkeit des Pferdes in der Regel nicht.

7. Sehnenklapp. Der Sehnenscheiden ist schon früher Erwähnung geschehen, eben so ihres Zweckes. In solchen Scheiden bewegen sich die Beugesehnen unterhalb des Knies. Da eine gewisse Verbindung zwischen Sehne und Scheide stattfindet, so muß sich auch die Thätigkeit der Sehne, und was auf sie sonst einwirkt, der Scheide mittheilen. Uebermäßige Anstrengungen und heftige Erschütterungen der Sehne theilen sich also der Scheide mit und

können Entzündungen in beiden Theilen hervorbringen, welche auch im geringsten Grade stets ein bedeutendes oder weniger bedeutendes Lahmgehen bewirken. Die sehr schmerzhafte Entzündung markirt sich dem Auge durch eine mehr oder weniger starke wadenähnliche Geschwulst längs der hintern Seite des Schienbeins. Artet diese Entzündung aus, entweder durch Vernachlässigung, oder trat sie von Hause aus so heftig auf, daß sie nicht mehr gehoben werden konnte, so wird diese wadenförmige Geschwulst an der hintern Seite des Schienbeins hart und kalt und deutet auf eine Verhärtung der Beugesehne und Scheide hin, die oft bis zur Verknöcherung gesteigert, und mit dem Namen Sehnenklapp belegt wird.

Ein Pferd mit ausgebildetem Sehnenklapp ist unbrauchbar, und wo man dieses Uebel noch im Entstehen vorfindet, ist wenigstens große Vorsicht in Bezug der Uebernahme zu empfehlen.

8. Ueberbeine sind eine verhärtete Knochenmasse an der innern (selten an der äußern oder vorderen) Seite des Röhrbeins, wo dieses mit dem Griffelbeine verwachsen ist.

Es ist schon früher erwähnt worden, daß die Griffelbeine einen Theil der Last auf sich nehmen und zwar das inwendige mehr als das auswendige. Wenn die Griffelbeine nun noch mit dem Röhrbeine verwachsen sind, so kann es wohl vorkommen, daß sie durch einen heftigen Stoß unten aus ihrer Lage gebracht werden, was in der Regel das innere Griffelbein trifft, da es den Einwirkungen des Stoßes mehr ausgesetzt ist, als das äußere. Ein solches Verschieben des innern Griffelbeins ist stets mit Entzündung und Schmerz verbunden, wodurch Knochensubstanz an diesem Orte des Röhrbeins abgesondert wird, die nach und nach knochenartig verhärtet.

Wenn diese verhärtete Knochenmasse oder das Ueberbein nicht mit einer Sehne oder einem Bande in Berührung kommt, schadet sie der Brauchbarkeit des Pferdes nicht, sitzt es aber sehr nach hinten, oder noch unter dem Knie, so kann das Uebel ein Hinken hervorbringen.

9. Wenn man auf der Krone einen sich hart anfühlenden erhabenen Reifen entweder um die ganze Krone oder nur um die Hälfte derselben bemerkt, so wird dieses Uebel Ringbein oder Schale genannt.

Uebermäßige Anstrengung kann Quetschung des knorpeligen Ueberzuges der Gelenkflächen, so wie Ausdehnung der am Fessel-, Kron- und Hufbein befestigten Bänder, und so Entzündung dieser Theile wie der Beinhaut bewirken, wodurch eine Ablagerung von Knochensubstanz entstehen kann, die sich in der Regel ringförmig um das Kronbein und oft auch um das Fesselbein lagert. Wenn man nichts dagegen thut, so verbreitet sich die sich ablagernde Knochensubstanz über das Fessel-, Kron- und Hufgelenk, wodurch Verwachsen und Unbeweglichkeit der Gelenke entsteht. Da nun die Verbreitung des Uebels oft sehr rasch vor sich geht, so ist das Ringbein als ein Hauptfehler zu betrachten.

10. Das Ueberköthen. Gewaltsame Anstrengungen des Fesselgelenks an den Vorder- und Hinterfüßen können auch eine Verrenkung desselben hervorbringen. In Folge dessen knickt das Pferd bei jedem Schritt mit dem eigentlich nach hinten stehenden Gelenk nach vorn über, so daß das vorn übergleitende untere Gelenkende des Schien-

beins eine runde Beule bildet. Bei Verabsäumung einer zweckmäßigen Behandlung dieses Uebels wird daraus ein Stelzfuß.

11. Mauke. Die Mauke ist eine eigenthümliche, schmerzhafte, rosenartige Entzündung der Haut und des darunter liegenden Zellgewebes im Umfange des Fessels besonders an der hinteren Seite, doch werden auch in vielen Fällen die Ballen und die Krone, zuweilen auch der vordere Theil des Fessels und das Schienbein davon ergriffen. Die Haare sträuben sich in die Höhe, und es sondert sich eine gelbliche, dünne, klare, eigenthümlich süßliche, stinkende Flüssigkeit ab; die Haut wird wund, und bildet mehr oder weniger große Geschwürflächen, ja es sterben zuweilen ganze Hautstücken ab, und fallen aus. Am häufigsten zeigt sich die Krankheit im Frühjahr und Herbst, und befällt alsdann meist Pferde von schlaffem Faserbau und solche, die mit den Beinen viel und lange in Koth oder Schnee stehen müssen.

12. Hufkrankheiten.

a. Chronische Hufgelenks-Lahmheit. Durch Entzündung der Beinhaut, des Strahlbeins und theilweise auch des Hufbeins entstehen kleine Knochenauswüchse an denselben, die durch Druck und Reibung der nahe liegenden Theile einen fortwährenden Schmerz erzeugen, in dessen Folge, je nachdem man das Pferd mehr oder weniger anstrengt, auch ein mehr oder weniger starkes Lahmgehen desselben stattfindet. Die Pferde zeigen bei dem Zusammendrücken der Hornwände Schmerz, und, wenn das Uebel schon einige Monate bestanden hat, sieht man, daß der kranke Huf im Vergleich zu dem gesunden mehr oder weniger geschwunden, d. h. kleiner, besonders schmaler geworden ist. Die mit diesem Uebel behafteten Pferde sind für den Militärdienst stets untauglich.

b. der Zwanghuf. Beim Zwanghuf sind die Wände unnatürlich zusammengezogen, die Sohle ist demgemäß unnatürlich hohl, und nicht kreis = sondern ovalförmig schmal geformt; der Strahl ist nicht breit, sondern zusammengedrückt, rauh, blättrig und in der Regel in größerem oder geringerem Grade faul. Die Seitenwände stehen steil und die Trachten nahe an einander.

Der Zwanghuf ist viel weniger gefährlich als man gewöhnlich glaubt. — Da derselbe nicht auf einmal, sondern nach und nach entsteht, so haben sich auch die Weichtheile allmählig nach der Form des Hufs gebildet, so daß es derselben nicht an Raum gebricht, wenn auch nicht in normaler Richtung.

Ist der Zwanghuf daher nicht zu bedeutend, geht das Pferd dabei nicht lahm, sondern normalmäßig ohne Schmerz, so ist der Zwanghuf kein Fehler, der ein Ausstoßen des Pferdes bedingt.

c. Der Vollhuf ist ein Huf, bei welchem die Sohle nicht hohl geformt ist, sondern statt dessen mit den Wänden in gleicher Höhe steht, ja wohl gar noch über diese hervorragt, so daß die Last des Körpers also nicht von dem Rande der Wand, sondern mehr oder weniger von der Sohle getragen wird. Dieses Uebel ist fast immer eine Folge vorangegangenen Verschlages und damit verbundener Entzündung der das Hufbein umgebenden Theile, wodurch eine Ausschwitzung und krankhafte Hornabsonderung stattfindet. In Folge dessen senkt sich die Spitze des Huf=

beins mehr nach unten, und die Sohle wird herunter gedrückt. Häufig bilden sich dabei auch quer um den Huf laufende Erhabenheiten, was man Ringelhuf nennt, oder die vordere Wand erscheint eingedrückt und die Zehe erhaben, wodurch der sogenannte Knollhuf gebildet wird. Da nun bei allen diesen anomalen Hufbildungen gewöhnlich auch die Hornwände schlecht und Quetschungen der Fleischsohle nicht leicht vermieden werden können, so sind alle mit solchen Hüfen behaftete Pferde als nicht für den Kriegsdienst brauchbar zu bezeichnen.

d. Der Platthuf ist ein Huf, bei welchem die Wand sehr schräge gerichtet ist, das Ganze des Hufs also sehr breit und platt erscheint. Dieser Huf ist immer mehr oder weniger mit Vollhuf verbunden, und es hängt von dem Grade dieser Mitleidenschaft hauptsächlich die Würdigung des an und für sich fehlerhaft gebauten Hufes ab.

e. Der Bockhuf oder Stelzhuf wird gebildet, wenn, in Verbindung mit steiler Wand, die Trachten sehr hoch, selbst höher als die Zehe des Hufes sind. Mit einem solchen Hufe versehene Pferde haben einen unbequemen stolpernden Gang.

f. Der Hornspalt und die Hornkluft.

Ist die Hornwand mehr oder weniger von unten nach oben gespalten, so nennt man diesen Spalt, wenn derselbe an einer der Seitenwände stattfindet, Hornspalt; dagegen Ochsenklaue, wenn der Spalt an der Zehe ist; geht der Spalt aber in die Quere des Hufes, so wird derselbe Hornkluft genannt. Je nachdem der Spalt groß oder klein, oberflächlich oder durchgehend erscheint, ist auch derselbe von größerer oder geringerer Bedeutung, wobei unter sonst gleichen Verhältnissen immer wieder Hornkluft und Hornspalt gefährlicher als Ochsenklaue sind.

g. Die getrennten Wände.

Wenn die Sohle nicht mehr in allen ihren Theilen mit der Wand zusammenhängt und man zwischen beiden Theilen eine größere oder kleinere Vertiefung bemerkt, welches seltener an der Zehe, als an den Seitenwänden der Fall ist, so nennt man dieses eine getrennte Wand oder getrennte Wände, je nachdem nur eine oder beide Seitenwände mit diesem Uebel behaftet sind. Die Hauptursache dieses Uebels liegt in Vernachlässigung des Hufbeschlages, wenn die Eisen zu lange liegen. Das nicht nachgebende Eisen stört nämlich die Uebereinstimmung im Nachwachsen der Wand und Sohle. Da durch einen angemessenen Beschlag dem Lahmgehen des Pferdes vorgebeugt wird, wenn das Uebel selbst nicht zu bedeutend ist, so ist der Beschlag selbst der Beurtheilung des Uebels hinderlich. Ist der Huf sonst gut gebaut und gesund, so sind mäßig getrennte Wände nicht zu Hauptfehlern zu rechnen, indem es nicht schwer ist, das Uebel durch einen zweckmäßigen Beschlag und andere einfache Mittel zu heben.

h. Die Steingallen sind schmerzhafte Blutanhäufungen zwischen der Fleisch- und Hornsohle in der Gegend der Eckstreben, die durch Zerreißung kleiner Blutgefäße durch Druck oder Quetschung der Fleischsohle entstanden sind, und sich durch rothgestreifte Flecken in der Hornsohle markiren, da das ergossene Blut in die Hornröhrchen derselben eindringt. Wenn immer ein Lahmgehen des Pferdes — besonders auf hartem Boden — mit diesem Uebel verbunden ist, so kann ein zweckmäßiger Beschlag dieselbe doch sehr verstecken. Ein Beistollen oder ein geschlossenes Eisen, deutet auf das Vorhandensein der Steingallen hin. Da die Heilung nur langsam von Statten geht, so ist zur Annahme eines Pferdes mit bedeutenden Steingallen, wenn das Thier gleich in Gebrauch genommen werden soll, nicht zu rathen.

i. Der faule Strahl. Wenn aus der Spalte des Strahls eine weißgraue, mehr oder weniger übelriechende Feuchtigkeit hervordringt, so nennt man dies einen faulen Strahl.

Diese Feuchtigkeit ist eine Absonderung des krankhaften oder entzündeten Fleischstrahls, die den Hornstrahl angreift und theilweise zerstört. Ist das Uebel nicht bedeutend und kein Hinken damit verbunden, so ist das Pferd als brauchbar anzunehmen, indem das Uebel entweder vollkommen zu heilen oder doch so zu behandeln ist, daß es nicht weiter um sich greift.

k. Strahlkrebs. Ein in seinen äußern Erscheinungen ähnliches, jedoch wesentlich verschiedenes Uebel ist der Strahlkrebs, welcher seinen Sitz in der Spalte zwischen den Eckstreben und dem Strahle hat, häufig aber auch den ganzen Strahl und die Sohle ergreift. Er charakterisirt sich durch üppig hervorgewachsene spitzige und für gewöhnlich leicht blutende Fleischmassen und durch Absonderung einer dünnen, schwärzlichen, stinkenden Jauche. Der Strahlkrebs geht von dem Fleischstrahl aus, und entsteht immer aus innern Ursachen, er ist sehr schwer, oft gar nicht heilbar.

l. Die Vernagelung. Häufig hat das Lahmgehen des Pferdes nur darin seinen Grund, daß es vernagelt ist. Darunter versteht man, daß beim Beschlagen ein Hufnagel tiefer als in die Hornwand eingetrieben, und dadurch die

Fleischwand, bisweilen sogar das Hufbein verletzt worden ist. Wenn eine solche Verletzung sogleich erkannt und richtig behandelt wird, so ist sie nicht gefährlich; wogegen eine Vernachlässigung der Vernagelung erhebliche Krankheiten des Hufs und der Krone zur Folge hat.

## Drittes Kapitel.
### Die Mittelhand.

Betrachten wir jetzt die Mittelhand des Pferdes.

1. Der Rücken.

Der Rücken, Figur II, hat, wie schon früher erwähnt, 18 Wirbel, wovon die 9 ersten den Widerriß, die 9 letzten den eigentlichen Rücken bilden. Da der Widerriß, als zur Vorhand gehörend, schon in Betracht gezogen ist, so soll hier nur von dem Rücken, dem Theile der 9 letzten Rückenwirbel, die Rede sein.

Durch die Zusammensetzung aus mehreren Knochen erhält der Rücken die erforderliche Biegsamkeit und Elastizität. Da derselbe besonders zum Tragen der Last bestimmt ist, so kömmt seine Stärke auch besonders in Betracht. Abgesehen von der Verbindung der Rückenwirbel in sich, hängt die Stärke des Rückens auch von der Richtung, in welcher die Wirbel an einander gereiht sind, und von der Länge der Rückensäule ab. Es ist begreiflich, daß eine eingebogene Linie der Rückenwirbel nicht die Stärke haben kann, als wenn diese Linie gerade ist. Es bedarf ferner keines Beweises, daß unter sonst gleichen Umständen die kürzere Linie mehr Tragfähigkeit hat, als die längere.

Der Rücken, G Figur I, soll daher grade, und in

Bezug der Länge, Größe und Stärke des Thieres, proportionirt sein. Vergleicht man zwei Pferde von gleicher Größe mit einander, von denen das eine viel Masse hat, muskulös und besonders stark in den Lenden ist, wogegen das andere weder Masse noch Muskeln hat, und in den Lenden schwach ist, so kann das muskulöse, starke Pferd ohne Beeinträchtigung seiner Kraft einen verhältnißmäßig längeren Rücken haben, als das bloß große, aber ohne Masse und Muskeln gebaute Pferd. Diesem wird ein seinem Bau entsprechender kurzer Rücken vortheilhafter, als ein langer sein.

Außer der Stärke des Rückens ist aber noch eine andere nicht unwichtige Sache für das Reitpferd in Betracht zu ziehen, nämlich, ob der Rücken auch eine gute Sattellage gewährt; ist dieses nicht der Fall, so wird der Sattel entweder sehr leicht drücken, oder sich stets so viel nach vorne schieben, daß der Reiter nie sein Pferd vollkommen in der Gewalt hat. Wenn der eingebogene oder sogenannte Senkrücken den Nachtheil der Schwäche in sich trägt, so wird derselbe doch fast immer eine bessere Sattellage gewähren, als der entgegengesetzt geformte oder sogenannte Karpfen-Rücken. Da sich nun außerdem der Senkrücken immer angenehmer fühlt, als der Karpfenrücken, so verdient der Senkrücken für die Wahl des Reitpferdes, wenn die Einbiegung nicht zu bedeutend, nur eine sogenannte Einsattelung ist, gegen den Karpfenrücken den Vorzug.

2. Die Lenden.

Da der Rippen schon bei Gelegenheit der Anschauung des Brustkorbes Erwähnung geschehen ist, so mögen jetzt die Lenden in Betracht gezogen werden.

Auf diese Partie des Pferdes wird in der Regel viel zu wenig Rücksicht genommen, und doch hängt die Stärke und Kraft des Thieres wesentlich vom guten Bau der Lenden ab. Die Lendenwirbel, Figur II, sechs an der Zahl, reihen sich den Rückenwirbeln, an, und gehen bis zum Kreuzbein, bilden das Dach der Bauchhöhle, sind stärker gebaut, als die Rückenwirbel, haben wie diese einen Dornfortsatz, und unterscheiden sich hauptsächlich von diesen dadurch, daß sie statt mit einer Rippe, auf jeder Seite mit einem platten Knochen, Querfortsatz genannt, versehen sind. Die Länge der Lenden wird durch den größeren oder geringeren Abstand der letzten Rippe von den Hüften bedingt. Pferde mit längeren Lenden nennt man langgerippt, mit kürzeren dagegen kurzgerippt (geschlossen, gedrungen). Letztere sind kräftiger und gewandter, als die langgerippten Pferde.

Betrachtet man die Lenden, H Figur I, beim lebenden Thiere, so soll das Pferd hier breit und fleischig erscheinen. Die Breite deutet auf lange Querfortsätze, und die auf diese Weise gebaute Form auf Kraft hin.

3. Die Flanken und der Bauch.

Die Flanke, V, und der Bauch, R Figur I, sollen voll, erstere nicht eingefallen, letzterer nicht aufgezogen sein; beides zeigt von keiner besondern innern Gesundheit, namentlich von schlechtem Fressen oder schlechter Verdauung. Die Bewegung der Flanke im Stande der Ruhe soll kaum zu bemerken sein.

Aufgezogen oder aufgeschürzt wird der Bauch genannt, wenn er nach hinterwärts dünn und flach wird; wogegen ein gut geformter Bauch in seinem Umfange etwas stärker als die Brust sein muß.

Geschlossene Flanken nennt man solche, bei welchen der Raum zwischen der letzten Rippe und der Hüfte nicht groß ist. Für den Kriegsdienst verdient die geschlossene Flanke den Vorzug.

Der Rücken, die Seitenwandungen und auch die Lenden müssen wo möglich frei von Verletzungen oder stark hervorstehenden Narben, Geschwüren, Warzen und dergleichen sein, weil sonst sehr leicht ein Drücken durch Geschirre und Sattelzeug herbeigeführt wird.

## Viertes Kapitel.
### Die Hinterhand.

1. Von den einzelnen Theilen der Hinterhand und deren Verbindung:

Das Kreuzbein, s Figur II, besteht aus 5 Kreuzwirbeln, welche sich den Lendenwirbeln anreihen, im spätern Alter zu einem Knochen mit einander verwachsen, und bis zum Ansatz des Schweifes gehen, welcher mit 18 Wirbeln das Ende der ganzen Wirbelsäule des Körpers bildet.

Beim lebenden Thiere nennt man die Partie des Kreuzbeins, die Kruppe, M. Figur I. Mit dem Kreuzbein, s, Figur II, ist das Becken, t, verbunden, welches wieder mittelst einer Pfanne den Kopf des Backenbeins (Oberschenkelbeins), u, aufnimmt, und ein Gelenk, v, bildet, welches Hüftgelenk genannt wird. Der äußere Theil des Darmbeins, w, eines Knochens des Beckens, wird Hüfte genannt, so wie ein anderer Knochen des Beckens, tz, mit dem Namen Sitzbein belegt wird.

Zu den übrigen Knochen der Hinterhand zählt man nun noch das Unterschenkelbein, x, durch das hintere Kniegelenk y mit dem untern Theil des Backen= oder Oberschenkelbeins, u, verbunden, an welchem Gelenk noch die Kniescheibe, z, zu bemerken ist, welche an der vordern Seite dieses Gelenkes auf und nieder gleitet. Das Unterschenkelbein ist durch das Sprunggelenk, zz, mit dem Röhrbein, i, verbunden. Die übrigen Knochen kommen mit denen der vordern Gliedmaßen überein. Zieht man die Bewegung des ganzen Körpers in Betracht, so läßt sich annehmen, daß diese durch die hinteren Gliedmaßen hervorgebracht wird. Die hinteren Gliedmaßen schieben den Körper nach vorne. Dieser vorgeschobene Körper wird durch die Vorderfüße unterstützt, und selbst bei großen Anstrengungen momentan in der vorgeschobenen Stellung erhalten.

Betrachtet man nun die beiden erwähnten Knochen der hintern Gliedmaßen, das Becken und das Backenbein, so ist es klar, daß, je weiter der untere Theil des Backenbeins, z, unter den Bauch vorgebracht wird, desto weiter auch der obere Theil des Beckens, die Hüfte, w, mithin der ganze Körper vorgeschoben werden kann. Je senkrechter nun aber die beiden Knochen auf einander gerichtet sind, desto weniger kann dieses geschehen. Man kann daher sagen, je schräger die beiden Knochen zu einander gestellt sind, desto besser ist es.

2. Von den Erfordernissen einer guten Kruppe.

Je steiler aber das Kreuzbein, s Figur II. angesetzt, oder je abschüssiger die Kruppe, M Figur I, ist, desto senkrechter und fehlerhafter müssen auch die beiden Knochen zu einander gerichtet sein, und hierin ist eines Theils der Werth der graden Kruppe zu suchen.

Wenn nun durch die grade Kruppe und durch die dadurch begünstigte schräge Stellung des Beckens und des Backenbeins der Körper mehr vorgeschoben werden kann, so kommt es noch immer darauf an, ob auch Kraft da ist, dieses Vorschieben des Körpers, das vermehrte Bodengewinnen, nicht nur momentan, sondern auch für die Dauer zu bewirken. Diese Kraft hängt aber ab von der Kraft der verschiedenen Muskeln und von der Richtung, in welcher diese wirken. Was die Richtung der Kraft anbetrifft, so lassen sich hier ähnliche Betrachtungen anstellen, wie bei dem Schulterblatte und Querbein der Vorhand. Je schräger hier Becken und Backenbein zu einander stehen, desto senkrechter wirken die von oben nach unten gehenden Muskeln auf diese Knochen. Die Kraft der Muskeln hängt ab von ihrer Länge, Breite und Stärke; je breiter und stärker die Muskeln sind, desto größer muß auch der für sie bestimmte Raum sein; deshalb soll eine gute Kruppe nicht allein möglichst grade, sondern auch lang und tief sein. Unter Tiefe verstehen wir die Linie vom Sitzbein, tz, bis zur Kniescheibe, z Figur II, (in Figur I. a Z). Je länger diese Linie ist, desto länger muß auch das Backenbein, und desto größer der Raum zur Aufnahme der Muskeln überhaupt sein.

Eine möglichst gerade, lange und namentlich tiefe Kruppe gewährt aber noch den Vortheil einer besondern Biegsamkeit in dem Hüft= und hintern Kniegelenke, den sogenannten Hanken. Daß das Pferd in dem Hüftgelenke biegsamer sein muß, wenn Becken und Backenbein schräge zu einander gestellt sind, als wenn diese Richtung mehr oder weniger senkrecht ist, ist an und für sich begreiflich; durch eine bedeutende Tiefe der Kruppe wird aber das hintere

Kniegelenk mehr nach vorne unter den Bauch gebracht, wodurch das Schenkelbein wieder eine mehr schräge als senkrechte Stellung zum Backenbein erhält, und das Kniegelenk selbst eine vermehrte Biegsamkeit erhalten muß.

Hat daher eine sonst gerade Kruppe keine gehörige Tiefe, so fehlt es ihr auch an Biegsamkeit, und es wird ein Pferd, wenn es demselben sonst nicht an Muskelkraft fehlt, mit dieser Kruppe fähig sein, Boden zu gewinnen, ein tüchtiger Renner, nie aber ein besonderes Reitpferd sein.

Die so nöthige Biegsamkeit in den Hanken ist einem solchen Pferde nicht beizubringen; alles was es hierin leistet, vollführt es durch die Sprunggelenke; anhaltende Gangarten und Wendungen auf der Hinterhand, ein Pariren aus der Karriere, welches alles Reit-Lectionen sind, werden dem Pferde sauer, es widersetzt sich, und macht den Reiter oft mehr als bügellos, oder es giebt nach, und wird in den Sprunggelenken zum Krüppel. Fehlen aber dieser graden und nicht tiefen Kruppe noch dazu die Muskeln, erscheint es in dieser Partie dürftig, so ist es höchstens ein Renner auf kurze Dauer und trotz allem äußern Ajustement des Schweifs weder Renn- noch Reitpferd.

Viel besser für den Reitdienst ist dagegen ein Pferd mit etwas runder Kruppe, die aber tief und voller Muskeln ist. Dies sind Kruppen der alten Zeit, die man bei den früheren Bahnpferden fast durchweg fand, auf denen man dem Reitschüler noch eine Gallopade und Croupade vorreiten konnte, und die geeignet waren, etwas anderes als eine sogenannte Jockei- oder Musterreiterei zu lehren, welche indessen auch ihren Werth, aber doch nicht den der eigentlichen Reitkunst hat.

3. Die Backen und der Unterschenkel.

Von den Backenmuskeln des lebenden Thiers soll der die hintere Grenze der Backe bildende sogenannte zweiköpfige Muskel, Figur I. 7, gut gerundet, fest, fleischig und möglichst lang erscheinen.

Ferner kann der sogenannte lange und dicke Einwärtszieher, 8, nicht stark und vollkommen genug ausgebildet erscheinen. Durch diesen Muskel äußert sich die Schenkelkraft auf das Vorwärtsschieben des Körpers, und ist er daher von besonderer Wichtigkeit.

Das Pferd von hinten betrachtet, Figur VI, soll hier an diesen Muskeln, a b, breiter erscheinen als oben an den Hüften. Das Unterschenkelbein, beim lebenden Thiere gewöhnlich Unterschenkel genannt, Figur I. x, soll nicht zu kurz sein, von der Seite gesehen breit und muskulös erscheinen. Schmale, muskelarme Unterschenkel bezeichnen das Bild der Kraftlosigkeit. Von den verschiedenen Muskeln des Unterschenkels soll sich der lange Zehenstrecker 9 besonders markiren.

4. Das Sprunggelenk.

Das Sprunggelenk, zz, bildet die Verbindung zwischen dem Schenkelbein oder Unterschenkel und Röhrbein. Das Gelenk selbst ist aus 6 Knochen zusammengesetzt. Stellt in Figur VII. m das Schenkelbein, n das Röhrbein, h das äußere und s das innere Griffelbein vor, so sind a b c d f und g die 6 Knochen des Sprunggelenks.

Das Rollbein, a, hat auf seiner Verbindungsfläche mit dem Unterschenkelbein zwei runde Erhabenheiten, welche rollartig in die beiden Vertiefungen der untern Schenkelbeinfläche eingreifen. Hinter dem Rollbein befindet sich das

Sprungbein h. Beide Knochen, **a** und **b**, ruhen nun wieder auf dem großen Schiffbein, **d**, und dem Würfelbein, **c**, das Würfelbein, **c**, ruht theils auf dem äußern Griffelbein, **h**, theils auf dem Röhrbein, **n**; das große Schiffbein, **d**, hat dagegen noch eine Unterlage, bevor es mit dem Röhr- und Griffelbeine in Berührung kommt. Diese Unterlage wird gebildet durch das kleine Schiffbein, **f**, und das Keilbein, **g**, wovon ersteres ganz auf dem Röhrbeine, letzteres hauptsächlich auf dem innern Griffelbeine, **s**, ruht.

Sämmtliche Knochen sind durch starke Bänder mit einander verbunden, und die Gelenkflächen sind mit einer knorpeligen Haut überzogen, um die Bewegung der verschiedenen Knochen auf und neben einander zu erleichtern.

Durch die Zusammensetzung des Gelenks aus so vielen Knochen wird die auf dasselbe einwirkende Erschütterung gebrochen, und es trägt die schräge Stellung des Schenkelbeins zur Brechung des Stoßes auf das Gelenk viel bei.

Betrachtet man das Sprunggelenk beim lebenden Thiere, so soll es von der Seite gesehen, möglichst breit, von hinten gesehen, möglichst flach erscheinen; die innere Fläche soll sich allmählig ohne einen bedeutenden Absatz in der Gegend des kleinen Schiff- und Keilbeins zu bilden, gegen das Röhrbein abflachen.

Die Sprunggelenke sind zuweilen hinten unverhältnißmäßig nahe zusammengestellt. Diese Stellung nennt man kuhheſſig; ist sie nicht zu bedeutend und auffallend, so schadet sie nichts. In der Regel gehen solche Pferde angenehm, und diese Stellung der Sprunggelenke ist nicht so nachtheilig, als eine zu sehr nach außen gebogene, durch welche das Pferd den Fuß in der Regel mit einer drehenden Bewegung aufsetzt.

5. Das Röhrbein und die übrigen Theile des Hinterfußes.

Das Röhrbein soll möglichst senkrecht unter das Sprunggelenk gestellt sein. Im Uebrigen findet alles auf dasselbe Anwendung, was in dieser Beziehung bei den vordern Gliedmaßen gesagt worden ist. Ebenso verhält es sich mit den übrigen Knochen und Theilen des Fußes.

## Fünftes Kapitel.
### Von den Fehlern und Krankheiten der hintern Gliedmaßen.

Von den verschiedenen Fehlern und Krankheiten der hintern Gliedmaßen mögen folgende hier Berücksichtigung finden.

1. Einhüftigkeit. Durch einen Stoß oder Schlag wird zuweilen die eine oder die andere Hüfte beschädigt, sogar gebrochen, so daß der obere Theil dieser Hüfte verloren geht; in diesem Fall wird das Pferd einhüftig genannt.

Man erkennt diesen Fehler, indem man sich hinter das Pferd stellt, und beobachtet, ob die eine Hüfte so weit vorsteht, als die andere; ferner: ob die Muskeln der einen Hüfte in Vergleich zu denen der andern nicht bedeutend geschwunden sind. Je geringer die Verletzung war, um desto unbedeutender wird auch der Unterschied zwischen den beiden Hüften erscheinen. Ist der Unterschied unbedeutend und der Gang des Thieres sonst regelmäßig und ohne Hinken, so lehrt die Erfahrung, daß solche Thiere noch recht brauchbar sein können. Wenn dagegen die Verschiedenheit zwischen den beiden Hüften bedeutend oder gar mit Hinken verbunden ist, so macht ein solcher Fehler das Pferd unbrauchbar.

2. Krankheiten des Sprunggelenks.

Das Sprunggelenk ist sowohl vermöge seiner Lage, als der rüden Gewalt, welcher es oft ausgesetzt ist, vielen Krankheiten unterworfen, als:

a. dem sichtbaren Knochenspath. Betrachtet man die Lage der Knochen im Sprunggelenk, Figur VII., so ergiebt sich, daß das Röhrbein und die beiden Griffelbeine das eigentliche Fundament für die aufeinander gelagerten Knochen abgeben, wobei wieder das innere Griffelbein verhältnißmäßig am meisten zu tragen hat, indem es das Keilbein fast ganz allein trägt, und aller hierauf einwirkenden Gewalt allein zu widerstehen hat, woher es denn auch kommt, daß die Nachtheile der zerstörenden Gewalt sich zuerst an diesem Knochen äußern und zwar in der Art, daß sich sowohl die Bänder als die Knorpel, wodurch das Griffelbein mit dem Röhrbein verbunden ist, entzünden. Hierdurch entsteht eine Ablagerung von Knochensubstanz, welche sich vorne am Kopf des innern Griffelbeins und dem Keilbein festsetzt, und die sonst glatte ebene Fläche dieser Knochen in eine rauhe höckerige verwandelt. Diese unregelmäßige Knochenerhöhung an der bezeichneten Stelle des Sprunggelenks nennt man Spath. Die erste Einwirkung des Spaths ist auf die Beinhaut. Diese wird gespannt, schmerzhaft und verursacht ein Hinken, was sich mit der Zeit verlieren kann, wenn die Ablagerung der Knochensubstanz aufhört, und die Beinhaut sich dem Auswuchs gemäß gefügt hat.

Wird die Ablagerung der Knochensubstanz aber nicht durch irgend eine Einwirkung gestört, so verbreitet sie sich auch nach und nach über das ganze Gelenk, wodurch theils die einzelnen Knochen mit einander verwachsen und eine allgemeine Steifheit des Gelenks bewirken; anderntheils aber eine so unebene Fläche erhalten, daß jede Bewegung des Gelenks nur schmerzhaft und hinkend vollführt werden kann.

Um diesen sichtbaren Knochenspath zu erkennen, muß man das Sprunggelenk sowohl von hinten wie von vorne betrachten, und darauf sehen, ob dasselbe sich an der angegebenen Stelle, an der vordern Seite des Keilbeins und am Kopfe des innern Griffelbeins, in einer ebenen Fläche zum Röhrbein abflacht, oder ob sich daselbst eine kantige abgesetzte Erhabenheit bildet. Findet dieses letztere Statt, so muß man beide Sprunggelenke mit einander vergleichen. Findet man diese Erhabenheit auch an dem andern Sprunggelenk, so läßt sich nicht annehmen, daß die krankhafte Knochenbildung an beiden Sprunggelenken gleiche Formen geschaffen hätte; in diesem Falle haben die hier betheiligten Knochen von der Natur eine abnorme Stärke erhalten, und man sagt von solchen Sprunggelenken: „sie sind stark abgesetzt."

Es ist also nur auf das Vorhandensein des Spaths zu schließen, wenn die Sprunggelenke an der erwähnten Stelle nicht gleichmäßig gebaut erscheinen; findet hierbei noch ein Hinken oder eine steife Bewegung des betheiligten Fußes statt, so ist aller Zweifel gehoben.

Was nun endlich die Brauchbarkeit des mit diesem Uebel behafteten Pferdes betrifft, so herrschen darüber sehr verschiedene Ansichten.

In der Praxis ist es nichts Seltenes, daß, wenn der Spath nur zu rechter Zeit und gut gebrannt wird, das damit behaftete Pferd nach Beendigung der Cur vollständig brauchbar geworden ist, und die Brandnarben nur als Schönheitsfehler zu betrachten sind. Wir sind daher der Ansicht, daß ein Pferd von sonst kräftigem und normalem Bau, aber mit gebranntem Spath nicht grade als unbrauchbar erklärt werden darf, wenn hierbei kein Hinken stattfindet, und der gebrannte Fuß überhaupt ziemlich regelmäßig bewegt wird.

Findet dagegen auch nur ein unbedeutender Grad von Hinken oder sehr unregelmäßiger Bewegung statt, und ist hierbei ein Schwinden der Hüfte zu bemerken, so ist zur Annahme eines solchen Pferdes nicht zu rathen; eben so wenig, wenn bei ziemlich regelmäßigem Gange der Spath sich markirt, und noch nicht gebrannt ist. Es ist hier sehr wahrscheinlich, daß das Thier bei einer starken Anstrengung lahm werden kann, wobei die Hülfe durch das Brennen immer noch ungewiß, so viel aber gewiß ist, daß man das Pferd viele Wochen lang nicht wird gebrauchen können.

b. Der unsichtbare Spath. Bei diesem ist äußerlich am Pferde nichts zu sehen, und doch hinkt das Pferd. Der Spath ist hier zwischen den Gelenkflächen der Sprunggelenksknochen zu suchen, und entstanden durch eine Entzündung der die Gelenkflächen überziehenden Knorpelhaut. Kann man daher gar keine Ursache des Hinkens finden, so ist auf das Vorhandensein dieses Uebels zu schließen. Dieser Spath ist gefährlicher als der erste, indem die Heilung schwieriger ist, und zum Ankauf eines solchen Pferdes kann nicht gerathen werden.

c. Blutspath. Es giebt Blutgefäße, Röhren, welche das Blut aus dem Herzen in den Körper führen. Diese nennt man Arterien oder Schlagadern; andere Gefäße dagegen führen das Blut wieder zum Herzen zurück und werden Venen genannt. Sie unterscheiden sich von den ersteren hauptsächlich dadurch, daß sie weiter als diese sind und das Blut langsamer in ihnen fließt. Eine solche Vene, sogenannte Schrankader, geht nun auch vorne auf der innern Seite über das Sprunggelenk; wird dieselbe in dieser Gegend unnatürlich aufgetrieben, so daß sie eine weiche Geschwulst bildet, so wird diese Geschwulst mit dem Namen Blutspath belegt.

Wenn das mit diesem Uebel behaftete Pferd auch noch für gewöhnliche, nicht zu schwere Arbeiten brauchbar ist, so ist ein Zerreißen des leidenden Gefäßes und Lahmwerden bei anhaltenden Anstrengungen doch leicht zu befürchten.

d. Piephacke ist eine bewegliche Geschwulst auf der Spitze des Sprungbeins, wobei entweder nur der unter der Haut befindliche Schleimbeutel entzündet und vergrößert, oder auch außer diesem noch die daselbst befindlichen Sehnen betheiligt sind. Quetschungen durch Stoßen oder Schlagen gegen harte Gegenstände, so wie auch übermäßige Anstrengungen des Gelenks können als Ursachen des Uebels angenommen werden.

In der Regel ist diese Piephacke nur ein Fehler, welcher das äußere Ansehen stört.

e. Hasenhacke ist eine verknöcherte Geschwulst auf der hintern Seite des Sprunggelenks, ohngefähr da, wo der untere Theil des Sprungbeins sich mit den übrigen Theilen des Sprunggelenks verbindet, und entstanden durch übermäßige Anstrengungen der daselbst befindlichen Sehnen. Dieser Fehler markirt sich dadurch, daß die Linie von der Spitze des Sprungbeins bis zum Röhrbein nicht gerade ist, sondern an der angeführten Stelle nach außen einen Bogen beschreibt, was sich dem Auge am besten markirt, wenn man das Sprunggelenk von der Seite betrachtet. Hasenhacke ist ein Hauptfehler, indem das mit diesem Fehler behaftete Pferd, wenn auch nicht in dem Augenblick der Besichtigung doch gewiß dann hinken wird, wenn die Sprunggelenke etwas mehr als gewöhnlich in Anspruch genommen werden. Ist das Uebel jedoch schon veraltet, sieht man Brandnarben, und geht das Thier dabei nicht lahm, so ist ein späteres Lahmgehen wenig zu befürchten.

f. Rehbein nennt man eine Knochengeschwulst auf der äußern Seite des Sprunggelenkes, im Allgemeinen da, wo sich das Gelenk mit dem Röhrbeine verbindet. Dieses Uebel hat in den Folgen mehr oder weniger Aehnlichkeit mit denen des Spaths.

g. Raspe hat ihren Sitz vorne am Sprunggelenke in der Beuge, und ist dasselbe Uebel, was beim Vorderknie beschrieben worden ist.

h. Sprunggelenkgallen mögen hier zwei erwähnt werden, die am gewöhnlichsten vorkommen. Die eine hat ihren Sitz zwischen dem Sprungbein und dem Unterschenkelbein, ist entweder nur auf einer Seite oder auf beiden Seiten sichtbar und wird im letzteren Falle durchgehende Galle genannt.

Ist diese Galle nicht groß, so schadet sie nicht; besonders, wenn sie nicht durchgehend ist. Gefährlicher ist dagegen die sich in der Beuge des Sprunggelenks zeigende Galle, die mehr oder weniger die ganze vordere Fläche des Sprunggelenks einnimmt. Die Annahme eines hiermit behafteten Pferdes ist nicht zu rathen.

Die Ursache dieser Gallen ist eben so, wie an den Vorderfüßen, Ausdehnung der Sehnenscheiden und der Kapselbänder durch zu bedeutende Anhäufung von Synovia.

3. Hahnentritt hat seine Benennung wahrscheinlich von der hahnähnlichen Bewegung eines oder beider Hinterfüße. Das Röhrbein wird in einer zuckenden Bewegung in die Höhe gehoben. Die Ursache ist nicht in den Knochen des Sprunggelenks, sondern in einer krankhaften Thätigkeit der Beugemuskeln zu suchen, weshalb auch bei diesem Uebel das Sprunggelenk selbst ganz fehlerfrei erscheinen kann.

Die zuckende Bewegung ist in der Regel am stärksten, wenn das Pferd aus dem Stalle kommt, und wird während des Reitens geringer. Da mit diesem Uebel nicht unbedingte Schwäche verbunden ist, man sogar oft in der Praxis sieht, daß hahnspathige Pferde bei sonst gutem, muskulösem Bau den fehlerfreisten Pferden an Kraft und Dauer nichts nachgeben, so besteht dieser Fehler mehr für das Auge, als für den Gebrauch.

4. Die an den vordern Gliedmaßen unterhalb des Knies vorkommenden Krankheiten kommen auch an den Hinterfüßen vor.

## Dritter Abschnitt.
### Von den wichtigsten inneren Krankheiten.

Nicht nur die einzelnen Theile des Körpers können durch schädlich wirkende Einflüsse erkranken, sondern das Pferd ist auch einer großen Menge von Krankheiten unterworfen, die den ganzen Organismus in Mitleidenschaft ziehen, und ihren Sitz theils in den einzelnen Organen, theils aber auch in keinem Gebilde vorzugsweise haben, und nur eben ein Leiden des Gefäß=, des Nervensystems u. s. w. sind. Obgleich es nicht wahrscheinlich ist, daß Pferde, die mit solchen Krankheiten behaftet sind, zur Uebernahme gestellt werden, so ist es doch nöthig, daß der Uebernehmende wenigstens einige von den fieberlosen, langsam verlaufenden Krankheiten kennt, und ich will daher die wichtigsten davon ganz kurz beschreiben.

1. Rotz. Diese so sehr gefährliche, höchst ansteckende Krankheit der Pferde, hat ihren Sitz besonders im Lymphgefäßsystem und characterisirt sich durch folgende Symptome:

Die Pferde zeigen gewöhnlich bei guter Freßlust und sonstiger Munterkeit etwas Ausfluß einer zähen, schmierigen, ins grünliche schillernden Flüssigkeit, meistens nur aus einem Nasenloche, doch zuweilen auch aus beiden, die Drüsen im Kehlgange derselben Seite sind angeschwollen, hart, unschmerzhaft, und scheinen an dem Unterkiefer festzusitzen; das sie umgebende Zellgewebe ist nicht so wie bei der Druse mit angeschwollen. Die Schleimhaut der Nase ist gewöhnlich blaß, und es finden sich meistens an ihr tiefgehende Geschwüre, die eine, die gesunden Theile zerstö=

rende Jauche absondern. Fast immer fließt solchen Pferden aus dem Auge derselben Seite ein eiteriger Schleim.

Am Rotz leidende Pferde müssen getödtet werden, und der Verkäufer ist zur Vertretung der Krankheit durch 14 Tage nach der Uebergabe verpflichtet.

2. Druse. Bei der Druse findet ebenfalls ein Anschwellen der Drüsen und ein Ausfluß aus den Nasenlöchern statt; die Drüsen sind jedoch nicht festsitzend, schmerzhaft, und das sie umgebende Zellgewebe ist mit angeschwollen. Der Ausfluß aus den Nasenlöchern hat nicht, wie dies bei der Rotzmaterie der Fall ist, die Eigenthümlichkeit, an den Nasenöffnungen fest anzukleben. Ueberhaupt ist das Pferd bei der Druse allgemein katarrhalisch krankhaft affizirt, und zeigt daher auch verminderte Freßlust. Die Druse ist an und für sich nicht gefährlich, kann jedoch durch Vernachlässigung sehr bösartig werden und sogar in Rotz übergehen.

3. Wurm, Hautwurm, ist ein der vorigen Krankheit verwandtes, ebenfalls ansteckendes, meist fieberloses Uebel, das in einer schmerzhaften Entzündung der oberflächlich gelegenen Lymphgefäße, besonders der Füße besteht, die meistens in Ausschwitzung übergeht. Die so veränderten Lymphgefäße werden schmerzlos, und bilden fingerdicke, harte, knotige, unter der Haut deutlich fühlbare Stränge, die oft, besonders an den Füßen, mit verdicktem Zellgewebe umgeben sind. Die in diesen strangförmig verdickten Lymphgefäßen vorhandenen Auftreibungen brechen gewöhnlich auf, und bilden bösartige Geschwüre, die ätzende Jauche absondern. Auch die im hohen Grade an diesem Uebel leidenden Pferde müssen getödtet werden.

**4. Räude.** Man bezeichnet damit einen ansteckenden, fieberlosen, schuppigen Hautausschlag, der bei den damit behafteten Pferden ein heftiges Jucken erzeugt. Besonders leiden die Seiten des Halses, der Rücken, die Kruppe, die Schenkel. Der Ausschlag wird durch die Bildung und Fortpflanzung kleiner Thierchen, der sogenannten Räudemilben, an einzelnen Stellen hervorgerufen, und von da weiter über den Körper verbreitet; es bilden sich Schuppen, die mit kleinen Knötchen versehene Stellen bedecken, in denen diese Milben sitzen, die Haare fallen dabei aus, und es bilden sich große, kahle, schmutzig aussehende, mit kleinen Knötchen versehene Flecken.

Auch hier ist bei hohem Grade des Uebels das Tödten des Pferdes vorgeschrieben. Diese Krankheit hat eine Gewährzeit von 14 Tagen.

**5. Dämpfigkeit** ist ein fieberloses, beschleunigtes Athmen, was sich beim Gebrauch der Pferde so steigern kann, daß dieselben schwanken und niederstürzen. Der Grund hiervon ist entweder in einer bloßen krankhaften Thätigkeit der Nerven zu suchen, oder es sind Lungenübel, Verwachsungen anderer beim Athmen betheiligten Gebilde, Zusammendrückungen der Lunge durch Aftergebilde und dergleichen mehr die Ursache. Die Pferde athmen dabei in vielen Fällen im Stande der Ruhe regelmäßig, und das Uebel zeigt sich erst, wenn man dieselben durch einige Zeit bewegt; der Athem wird dann kürzer, beschleunigter und mit deutlicher Mitbewegung der Bauchmuskeln, besonders der obern Flankengegend ausgeführt; es bildet sich in den meisten Fällen eine tiefe Rinne in den Flanken, Dampfrinne genannt. Die Pferde verrathen eine gewisse Angst, schwitzen sehr leicht, und bei hohen Graden der Krankheit wird der ganze Körper bei jedem Athemzuge mitbewegt. Reizt man solche Pferde zum Husten, so ist dieser gewöhnlich kurz, schwach und keuchend. Für den Militärdienst sind solche Pferde stets unbrauchbar. Die Gewährszeit beträgt 28 Tage.

6. Hartschnaufigkeit. Wird das beschleunigte, krankhafte Athmen durch Verengung des Kehlkopfs bedingt, so hört man, wenn das Pferd auf weichem Boden bewegt wird, bei jedem Athemzuge ein schnarchendes Geräusch, was oft sehr bedeutend ist. Man nennt diese Form dann Kehlkopfpfeifen, Hartschnaufigkeit. Auch die mit diesem Uebel behafteten Pferde sind dienstunbrauchbar. Keine Gewährszeit.

7. Stätigkeit. Eine eigenthümliche Krankheit des Nervensystems, die sich besonders durch zu gewissen Zeiten einfindende Widersetzlichkeit gegen den Willen des Führers kund giebt. Die Pferde sind dann während solcher Paroxismen wie toll, die Augen nehmen einen eigenthümlichen Glanz an, werden vorgedrängt, glotzend; Peitsche, Gebiß und Sporen machen die Pferde gewöhnlich noch bösartiger, sie bäumen, schlagen, beißen und sind durch alle Antreibungsmittel nicht dazu zu bewegen, weiter vorwärts zu gehen. Ist der Paroxismus vorüber, so tritt gewöhnlich Mattigkeit ein und die Pferde folgen dann wieder dem Führer.

Die Ursachen dieses Zustandes sind entweder organische Fehler im Gehirn oder der Schädeltheile, oder reines Nervenleiden, wovon man die Ursachen gar nicht kennt. Die Krankheit hat eine Gewährszeit von 4 Tagen.

8. Koller, Dummkoller. Man bezeichnet damit eine langsam verlaufende, fieberlose Krankheit des Nervensystems, besonders des Gehirns, die sich durch Unterdrückung der Empfindungs= und Bewegungs=Nerven auszeichnet. Bei Pferden, die im hohen Grade an dieser Krankheit leiden, ist das Bewußtsein fast ganz geschwunden, sie stehen bei der vollen Krippe, und fressen nicht, oder doch nur sehr langsam und unregelmäßig; eben so ist es mit dem Saufen. Sie sind schwer von der Stelle zu bringen, wenn sie einmal feststehen, überhaupt alle ihre Bewegungen und Stellungen sind unregelmäßig. Besonders stark treten alle diese Erscheinungen hervor, wenn die Pferde durch die mit ihnen vorgenommenen Bewegungen in Schweiß gerathen.

Durch starken Blutandrang nach dem Gehirne, oder bei sehr bedeutender Ansammlung von Serum (einer wässerigen Flüssigkeit) in den Gehirnhöhlen werden Anfälle von Wuth hervorgerufen, rasender Koller, wobei die Pferde denen an Gehirnentzündung leidenden gleichen, meist durchgehen, umrennen, was ihnen in den Weg kommt, und nicht selten gegen Bäume, Mauern und dergleichen so stark anlaufen, daß sie niederstürzen und oft todt liegen bleiben. Ist der Wuthanfall vorüber, so tritt bei den an Dummkoller leidenden Pferden die Stumpfsinnigkeit um so bedeutender hervor, während bei Gehirnentzündung der hohe Grad des Fiebers fortbesteht. Die an dieser Krankheit leidenden Pferde sind für den Militärdienst unbrauchbar. Die Gewährszeit ist 28 Tage.

9. Das Verschlagen, auch die Rehe genannt, ist eine Krankheit, welche vorzugsweise die in den Hüfen eingeschlossenen Theile, so wie die Sehnen und Muskeln der

Extremitäten befällt. Die leidenden Gliedmaßen werden dadurch oft ganz steif und unbeweglich; die Hüfe sind in diesem Falle gewöhnlich sehr warm und an der Zehe empfindlich. Zuweilen ist ein fieberhafter Zustand und Neigung zur Entzündung mit dieser Krankheit verbunden. Bei einem minderen Grade des Verschlagens gehen die Pferde nur sehr steif und gespannt mit den Vorderfüßen, indem sie mit dem Ballen zuerst auftreten. Starke und anhaltende Erkältungen der Pferde, wenn sie sehr erhitzt waren, Unregelmäßigkeiten im Füttern und Tränken sonst sehr regelmäßig und vorsichtig gewarteter Pferde sind die gewöhnlichen Ursachen des Verschlagens.

10. Die Kolik ist eine bei den Pferden häufig vorkommende und sehr gefährliche Krankheit, die in den Eingeweiden des Bauchs ihren Sitz hat, und daher auch Darmgicht genannt wird. Starke Erkältungen des Bauchs, der Genuß schlechter und schädlicher Nahrungsmittel, zu kalten oder verdorbenen Wassers, auch Verhaltungen des Harns können diese Krankheit verursachen, welche nach unmittelbar vorheriger völliger Gesundheit des Pferdes eintritt, und nach kurzem Verlauf unter gewaltsamen krampfhaften Bewegungen und Auftreiben des Bauchs häufig mit dem Tode des Pferdes endet. Wenn daher ein sonst gesundes Pferd plötzlich zu fressen aufhört, sich nach den Flanken umsieht, große Unruhe durch Scharren mit den Vorderfüßen und namentlich dadurch zu erkennen giebt, daß es sich mehrmals niederlegt, aber immer bald wieder aufsteht, so ist es rathsam, ohne Zeitverlust mit zweckmäßigen Mitteln gegen eine zu befürchtende Kolik einzuschreiten.

## Vierter Abschnitt.
**Von der Untersuchung des Alters und den darauf bezüglichen Veränderungen der Zähne.**

Das Alter des Pferdes erkennt man an den Zähnen, und wenn die Merkmale an denselben nicht mehr ganz zureichen, werden äußere Formen des Körpers mit zu Hülfe genommen.

Das ausgewachsene Pferd hat entweder 36, wenn es Stute, 40 Zähne, wenn es Hengst oder Wallach ist. Diese Zähne werden eingetheilt in Backenzähne, Schneidezähne und Hakenzähne. Der Backenzähne hat das Pferd 24, 12 im Ober-, 12 im Unterkiefer, 6 in jeder Kieferreihe im hintern Theile des Mauls. Im vordern Theile des Mauls befinden sich die sogenannten Schneidezähne, — 6 im Ober-, 6 im Unterkiefer, in Summa 12. Zwischen den Backen- und Schneidezähnen sitzen beim Hengst oder Wallach die Hakenzähne, 2 im Ober-, 2 im Unterkiefer, in Summa 4.

Die Schneidezähne im Unterkiefer, sowie die in demselben sitzenden Haken sind es, welche man hauptsächlich zum Erkennen des Alters in Betracht zieht. Sie sind deshalb auch noch besonders eingetheilt in: Zangenzähne, Mittelzähne und Eckzähne. Die den Haken zunächst sitzenden beiden Zähne werden Eckzähne, die dann folgenden Mittelzähne und die beiden vordersten Zangenzähne genannt.

Der Zahn wird eingetheilt in Krone und Wurzel. Derjenige Theil, welcher aus dem Zahnfleisch hervorsteht und sichtbar ist, wird Krone genannt; der im Kiefer steckende, vom Zahnfleisch bedeckte Theil, Wurzel.

Nur die Krone des Zahns kommt bei Beurtheilung des Alters in Betracht. So wie der ganze Zahn, so ist auch diese den durch die Zeit hervorgebrachten Veränderungen unterworfen. Die für die Erkennung des Alters interessirenden Veränderungen beziehen sich hauptsächlich auf die obere Fläche der Krone, ferner auf die Länge der Krone, so wie auf deren mehr vertikale oder horizontale Richtung und endlich auf ihre Form, ob der Durchmesser der obern Fläche nach dem hintern Theil des Mauls dem in Richtung der Quere mehr oder weniger gleich kommt, der Zahn also dann so stark, als breit ist.

Ist bei dem Zahne A Figur VIII, a b der aus dem Zahnfleische hervorstehende Theil des Zahns die Krone, so ist b c der im Fleisch steckende Theil die Wurzel, und a d die obere Fläche der Krone.

Die oben erwähnten, mit dem zunehmenden Alter des Pferdes eintretenden Veränderungen an der oberen Fläche des Zahnes bestehen hauptsächlich in Folgendem:

Der ganz junge Pferdezahn, A, ist auf seiner obern Fläche eigentlich hohl, so daß sich gewissermaßen nur eine mehr oder weniger schwarze Höhlung, eingeschlossen von einem weiß schimmernden Rande, zeigt. Da nun mit dem zunehmenden Alter die Schneidezähne des Unterkiefers mit denen des Oberkiefers in Berührung kommen, so nutzt sich auch dieser, die innere Höhlung des Zahnes umschließende Rand, allmählig ab, wird breiter, so daß zuletzt statt eines schmalen Randes rund um die Höhlung eine förmliche Fläche, wie Zahn C zeigt, entsteht; diese Fläche wird daher Reibefläche genannt, und ist umzogen von einem weißen Rande, welcher der äußere Schmelzrand genannt wird. Die noch sichtbare, aber durch die entstandene Reibefläche verkleinerte schwarze Höhlung, welche den Namen Kunde oder Kennung erhält, ist ebenfalls von einem weißen Rande umzogen, welcher der innere Schmelzrand heißt.

In Bezug der beim Zahn C erwähnten Reibefläche ist nun noch besonders Folgendes zu merken:

Der vordere Rand, m, des jungen Pferdezahnes, A, kommt zuerst mit seinem Gegner im Oberkiefer in Berührung, die vordere Reibefläche, x Zahn C, wird daher viel früher gebildet, als die hintere, z, so daß also der Zahn, welcher eine vordere und eine hintere Reibefläche bildet, C, älter ist, als derjenige, welcher nur eine vordere Reibefläche und hinten nur einen Rand zeigt, B. Später bildet sich nun auch die hintere Reibefläche aus, und beide Reibeflächen beschränken die schwarze Höhlung oder Kunde des jungen Zahnes, so daß man nur noch einen länglichen schwarzen, vom innern Schmelzrande umgebenen Strich bemerkt, der zuletzt auch verschwindet, und nur eine vom Schmelzrande allein gebildete Flamme auf der Mitte der Krone übrig läßt.

Auf diese Weise ist also der Zahn A jünger als der Zahn B und B jünger als der Zahn C.

Die Veränderung der Hakenzähne mit dem zunehmenden Alter besteht hauptsächlich darin, daß, wenn der junge Hakenzahn oben spitz, an seinen Seiten scharfe Ränder und auf der der Zunge zugekehrten Seite eine tiefe längliche Furche hat, beim ältern Zahn diese Merkmale mehr oder weniger abgeschliffen und nicht mehr vorhanden sind je stumpfer und runder und je kleiner die Furche, desto älter der Hakenzahn.

Nach dieser allgemeinen Betrachtung des Pferdezahns ist nun noch ein anderer Zahn in Bezug der richtigen Erkennung des Alters in Erwähnung zu bringen, nämlich der Füllen- oder Milchzahn. Dies sind Zähne, welche das Thier mit auf die Welt bringt, oder doch bald nach der Geburt nach und nach erhält, und die dann wieder, nachdem das Füllen $2\frac{1}{2}$ Jahr alt ist, nach und nach von den Pferdezähnen verdrängt werden, so daß man denn auch füglich das Pferd nicht früher Pferd nennen kann, als bis der letzte Füllenzahn verdrängt ist.

Was in Bezug der Eintheilung des Zahns und dessen Veränderung mit dem zunehmenden Alter vom Pferdezahne gesagt worden ist, findet auch im Allgemeinen seine Anwendung auf den Füllen- oder Milchzahn. — Der Füllenzahn unterscheidet sich (bei der practischen wirklichen Untersuchung des Pferdealters) hauptsächlich dadurch vom Pferdezahn, daß die Krone weißer und bedeutend kleiner, als die des Pferdezahns, und am untern Ende der Krone mit einer Einschnürung, Hals, versehen ist.

Nach dieser allgemeinen Einleitung mag nun das Specielle der Erkennung des Pferdealters folgen.

Da nur besondere Umstände den Ankauf oder die Uebernahme 3jähriger Füllen erheischen werden, so mag zuerst die Beurtheilung des Alters von 4 bis 8 Jahr hier folgen. Für dieses Alter kommen nur die Zähne des Unterkiefers in Betracht; das Folgende bezieht sich also auch nur auf diese Zähne.

Wenn das Füllen im 3. Jahre die beiden Zangen-

Füllen-Zähne verloren hat, so sind die an deren Stelle getretenen Pferde-Zangen-Zähne mit 3 Jahren so ausgebildet, daß man eine vordere und eine sehr schmale hintere Reibefläche bemerkt.

Da die Füllen-Mittelzähne nach 3 Jahren auf eine ähnliche Weise verdrängt werden, so markirt sich das 4jährige Alter bestimmt dadurch, daß Zangen- und Mittelzähne Pferdezähne, die beiden Eckzähne aber noch Füllenzähne sind. Um dieses zu entdecken, bedarf es nur des Oeffnens der beiden Lefzen an der Seite des Pferdemauls, wo man diesen Füllen-Eckzahn im Vergleich zu den übrigen Pferdezähnen als eine kleine weiße Perle bemerkt. Will man auch die Zangen- und Mittel-Pferdezähne untersuchen, so ist man genöthigt, das Maul des Pferdes aufzumachen, und wird nun den Zangenzahn mit vorderer und hinterer Reibefläche, den Mittelzahn aber nur mit einer vordern, in seltenen Fällen auch mit einer kaum bemerkbaren hinteren Reibefläche, stets aber mit einer tiefen Aushöhlung oder Kunde gewahren.

Eine Bemerkung über das Oeffnen des Mauls, ohne welches bei aller Kenntniß doch keine richtige Erkennung möglich ist, möge hier noch für die Praxis Raum finden.

Das junge Thier giebt oft das Maul deshalb nicht gern her, weil es Schmerzen des Zahnwechsels hat; das alte Thier, weil es absichtlich oder unabsichtlich kopfscheu gemacht oder gar malocht oder getarkelt ist. Tarkeln heißt, den alten, der Kunde entbehrenden Zahn, durch Kunst wieder eine Kunde geben und jung machen.

Solche Pferde lasse man vor allen Dingen auftrensen; ein etwas scharfes Annehmen der Trense unter dem

Kinn des Pferdes leitet in etwas den Schmerz oder die Gedanken des Thieres von der beabsichtigten Untersuchung ab. — Nächstdem ist ein sanftes Behandeln, ein Streicheln mit der einen Hand vor der Stirn zu empfehlen, während der Daum der andern Hand, unvermerkt durch die Spalte des Maules dringend, auf die Lade oberhalb des Hakens, oder der Stelle wo dieser sitzen soll, gelegt wird. Ein Oeffnen des Maules wird hierauf sogleich erfolgen, was, wenn dieses noch nicht hinreichen sollte, dadurch vermehrt wird, daß man die Zunge zu fassen sucht, diese festhält, und zur Seite zieht, wodurch man die Vorderzähne deutlich zur Ansicht bekommt.

So richtig wie dieses Verfahren nun auch an und für sich ist, so ist doch nicht zu leugnen, daß eine gewisse Zeit dazu gehört, die ganze Procedur auszuführen; je mehr Zeit man aber auf die Untersuchung verwendet, je mehr werden auch die Erkennungssinne ermüdet und abgestumpft. — Wer nichts übersehen will, verwende nicht mehr Zeit zur Untersuchung eines Gegenstandes, als unumgänglich nöthig ist.

Da nun der Eckzahn gewissermaßen ein Maßstab der übrigen ist, so sieht der Praktiker bei dem in Rede stehenden Alter von 4 bis 8 Jahren auch nur nach dem Eckzahne, wozu in der Regel nur ein leicht zu bewerkstelligendes Trennen der Lippen, im äußersten Falle noch ein Legen des Daumes auf die oben angeführte Ladestelle nöthig ist. Zeigt sich hierbei der Eckzahn als Füllenzahn, so ist das Alter, ohne sich weiter mit Untersuchung der übrigen Zähne aufzuhalten, mit Sicherheit auf **4** Jahre festzustellen.

Fehlt dieser Füllenzahn, so hat man nachzusehen, wie weit der in dessen Stelle tretende Pferdezahn aus dem

Zahnfleisch herausgewachsen ist. Zeigt sich der vordere Rand desselben, so ist das Pferd 4½ Jahr; zeigt sich aber noch gar nichts von einem nachwachsenden Zahne, so ist auf ein absichtliches oder zufälliges Entfernen des Füllenzahnes zu schließen und die Untersuchung der Mittel- und Zangenzähne nöthig, ob, wie oben angegeben, diese das 4jährige Alter bekunden.

Das 5jährige Pferd markirt sich in folgender Art:

Der hintere Rand des Eckzahns ist aus dem Zahnfleisch hervorgetreten, der Zahn selbst hat die Gestalt eines hohlen Zahns, indem die Kunde in einer mehr oder weniger tiefen Aushöhlung bestehend, die ganze obere Fläche des Zahnes einnehmend, nur von dem vorderen und hinteren Schmelzrand begrenzt wird. Der Mittelzahn hat jedenfalls als Unterschied des 4jährigen Zahnes eine, wenn auch nur schmale, hintere Reibefläche erhalten. Die hintere Reibefläche des Zangenzahnes ist ausgebildet, die Kunde, von beiden Reibeflächen umgeben und durch den innern Schmelzrand von diesem getrennt, ist mehr oder weniger ausgefüllt, und markirt sich noch ziemlich schwarz.

Nimmt man in Betreff der Bildung der obern Zahnfläche Figur VIII. A als Eck-, B als Mittel- und C als Zangenzahn an, so hat man das ungefähre Bild des 5jährigen Alters.

Wenn das Pferd 6 Jahr alt ist, so hat der Eckzahn eine vordere Reibefläche, die hintere aber fehlt meistens; der Mittelzahn hat eine vordere und hintere Reibefläche; die Kunde ist ungefähr so, wie der 5jährige Zangenzahn; die Kunde des Zangenzahnes ist ganz ausgefüllt und hat an Größe und Schwärze verloren.

Das vier-, fünf- und sechsjährige Alter ist daher leicht zu erkennen: — das 4jährige an dem Fülleneckzahn, das 5jährige an dem hohlen Pferdeeckzahn und das 6jährige an dem Eckzahn mit nur einer vordern Reibefläche. Das 7 und 8jährige Alter bietet schon nicht so viel Merkmale dar.

Die Kunden der Zangen- und Mittelzähne sind oft beim 8jährigen nicht bedeutend von den des 7jährigen Pferdes zu unterscheiden; die hintere und vordere Reibefläche ist völlig ausgebildet, und oft scheint der Mittelzahn, wenn auch nicht älter, doch eben so alt zu kunden, als der Zangenzahn. Den sichersten Anhalt gewährt noch immer der Eckzahn; dieser unterscheidet sich beim 7jährigen Pferde dadurch vom 6jährigen, daß die hintere Wand des Zahnes schon mit dem Gegner im Oberkiefer in Berührung getreten ist, und dieser 7jährige Zahn also nicht allein eine vordere, sondern auch eine, wenn auch nur schmale, hintere Reibefläche bildet. Vom 8jährigen unterscheidet sich der 7jährige Eckzahn dadurch, daß sich die hintere Reibefläche beim 8jährigen Eckzahn völlig ausgebildet hat, so daß die Kunde viel ausgefüllter und kleiner, aber in der Regel noch mit einer gewissen Vertiefung erscheint. —

Hat das Pferd vermöge seines Geschlechts auch Hakenzähne, so können auch diese bei der bisher abgehandelten Beurtheilung des Alters mit zu Hülfe genommen werden. Es ist schon oben im Allgemeinen der Unterschied des jungen und alten Hakenzahnes angegeben. Deshalb mag hier nur noch erwähnt werden, daß man im 4. Jahr die Spitze des Zahns mehr oder weniger im Zahnfleisch bemerkt, mit 5 Jahren ist die Krone herausgewachsen, ist

spitz, hat scharfe Ränder und ist tief gefurcht, welche Merk=
male sich noch im 6. und 7 Jahre zeigen.

Wenn nach diesem die Spitze und Schärfe des Haken=
zahns zwar abnimmt, so geschieht dieses doch selten in
einem solchen Grade, daß der 8jährige Hakenzahn nicht noch
eine gewisse Spitze und Schärfe behalten haben sollte.

In Bezug der Erkennung des 9jährigen und noch
mehr vorgerückten Alters lassen sich nur allgemeine An=
haltsregeln geben, welche kurz zusammengedrängt hier fol=
gen mögen.

Was die Kunde des Zahnes anbetrifft, so ist diese
in diesem Alter so verschieden und unzuverlässig, daß man
am Besten thut, dieses Merkmal ganz außer Acht zu lassen.
Es ist nichts Seltenes, daß das 14jährige Pferd der Kunde
nach jünger erscheint als das 12jährige; statt dessen sehe
man daher auf die Länge des Zahnes. Je länger der=
selbe aus dem Zahnfleisch hervorsteht, desto älter ist auch
das Pferd. Ferner sehe man besonders auf die Richtung
des Zahns; je mehr diese Richtung von der vertikalen
zur horizontalen übergegangen ist, desto älter ist der Zahn.
Man sehe ferner auf die Form des ganzen Zahns. Durch
das Abschleifen des Zahns muß die obere Fläche mehr oder
weniger die Form des unteren Theiles des Zahnes an=
nehmen, und ist daher bald mehr oder weniger rund, bald
dreieckig rund. — Für unsern Zweck mag es genügen,
daß ein runder Zahn auf ein vorgerücktes Alter hinweist.

Da sich die Zähne des Unterkiefers früher, als die
des Oberkiefers abschleifen und vorschieben, so wird schon
gegen das 8. Jahr der hintere Theil eines jeden Eckzahns
im Oberkiefer außer Reibefläche gesetzt, und dadurch ein

Stehnbleiben dieses Theiles bedingt, man nennt es Einbiß. Da nun nach 2 bis 3 Jahren sich auch die Zähne des Oberkiefers auf dieselbe Weise nachschieben, so verschwindet der Einbiß allmählig mit dem 12. Jahre wieder, und bildet sich mit dem 14. Jahre durch dieselben Ursachen zum zweiten Male.

Das 9 und 14jährige Alter ist dann leicht durch die Länge und Form der Zähne zu unterscheiden. In Figur XIV. ist der Einbiß eines Eckzahns im Oberkiefer dargestellt.

Endlich markirt sich das hohe Alter durch das zurückgetretene oder geschwundene Zahnfleisch, was man nicht allein auf der vordern Fläche des Zahns, sondern auch bei dem zwischen den Zähnen sitzenden Zahnfleisch bemerkt.

Außer diesen Merkmalen an den Zähnen zieht man nun noch das Aeußere des Pferdes selbst in Betracht. Wenn tiefe Augengruben kein sicheres Merkmal sind, indem man diese oft bei jungen Pferden findet, so geben die Augenbogen, mit grauen oder weißen Haaren untermengt, einen bessern Anhalt. Je mehr graue oder weiße Haare sich hier befinden, desto älter ist das Pferd. — Da man nun selten ein Pferd mit ganz weißen Augenbogen finden wird, so markirt sich das erhöhte Alter durch die Vermehrung der grauen Haare auf den Augenbogen, auf der Stirn und auf dem Nasenbein.

Einzelne graue Haare in der Mähne geben keinen sichern Anhalt, denn man findet dieselben oft schon bei 8 und 9jährigen Pferden.

Die übrigen aus der äußern Form des Thieres sich ergebenden Merkmale in Bezug des in Rede stehenden Alters, als: ein schläfriges Auge ohne Feuer, allgemeine Abmagerung, Gleichgültigkeit gegen äußere Einwirkungen und zusammengeschrumpfte schlaffe Muskelpartieen, gebrauchte Gliedmaßen, sind wohl Begleiter des höhern Alters, aber nicht unter allen Umständen sichere Merkmale der Erkennung desselben. Race, Gebrauch und Wartung des Pferdes haben auf diese Erkennungszeichen einen bedeutenden Einfluß, so daß dieselben also nicht ohne Weiteres ein sicheres Merkmal des Alters geben. —

Nur aus der Zusammenstellung aller dieser Merkmale läßt sich das über 8 Jahr hinnausreichende Alter ungefähr bestimmen.

Nach dieser allgemeinen Abhandlung der Erkennungszeichen des Pferdealters über 8 Jahre, mag nun, wie oben, so viel als möglich das Specielle in der Sache selbst folgen.

Beim 9jährigen Alter bemerkt man noch keine grauen Haare an den Augenbogen, der Stirn oder dem Nasenbein. Die Kunde des Eckzahns im Unterkiefer ist zum Unterschiede von der des 8jährigen Zahns völlig ausgefüllt und hat nur die Spuren eines schwarzen Flecks, oder die des erhabenen inneren Schmelzrandes zurückgelassen. Da die Betrachtung dieser obern Fläche des Eckzahns jedoch leicht täuschen kann, so sehe man bei Beurtheilung des 9jährigen Alters hauptsächlich auf Länge und Richtung des Eckzahnes. Der 9jährige Eckzahn ist nicht allein länger als der 8jährige, sondern hat auch eine horizontalere Stellung. Das Maaß dieses Unterschiedes läßt sich nur allgemein angeben, indem die Natur sich nie an bestimmte Maaße bindet. Das Sicherste ist, sich das Bild des 8 und 9jährigen Kiefers so genau einzuprägen, daß es bei der Untersuchung selbst lebhaft vorschwebt; stellt daher Figur IX. einen 8jährigen Unterkiefer vor, so wird in Bezug des Unterschiedes in Länge und Richtung des Eckzahns Figur X. ein 9jähriger Kiefer sein. An den Eckzähnen des 9jährigen Oberkiefers sieht man einen deutlichen Einbiß.

Oft wird man beim 9jährigen Alter den Eckzahn im Unterkiefer nicht länger als den 8jährigen finden. Ein solcher Zahn hat aber dann nicht mehr seine natürliche Länge; diese ist vielmehr durch die Zeit abgeschliffen, was man auf der obern Fläche des Zahns sogleich erkennt, indem der äußere, wie innere Schmelzrand sich mit der ganzen Fläche vermischt und kaum noch zu bemerken ist. Bei solcher Gelegenheit ziehe man nur die Richtung des abgeschliffenen, kurzen Eckzahns in Betracht, so wird sich bei gedachter Verlängerung desselben die dem 9jährigen Zahne eigenthümliche Richtung ergeben.

Da das Abschleifen und dadurch entstehende Abkürzen des Zahnes noch mehr bei dem höhern Alter, als bei dem 9jährigen bemerkt wird, und hier zwischen der abgeschliffenen und natürlichen obern Fläche des Zahns nicht ein solcher Unterschied ist, wie bei dem 9jährigen Zahne, so ist es gut, wenn man bei abgeschliffenen Zähnen beide Eckzähne in Betracht zieht, wobei man oft finden wird, daß der eine Eckzahn noch gar nicht abgeschliffen ist, also seine natürliche Länge hat, und als Maaßstab dienen kann, oder man findet wenigstens einen Unterschied in der Länge beider Zähne, woraus sich dann mit Sicherheit auf ein Abschleifen, also unnatürliche Zahnlänge schließen läßt, und wodurch man hingewiesen wird, ganz besonders die Richtung des Zahnes bei gedachter Verlängerung zu untersuchen.

Die Merkmale des 10jährigen Alters unterscheiden sich in der Regel eben so wenig von denen des 9jährigen, als sich die auf der physischen Kraft überhaupt beruhende Brauchbarkeit des 10jährigen Pferdes vom 9jährigen unterscheidet. — Eben so verhält es sich in Bezug des 11 und 12jährigen Alters. Wer daher den 9 und 12jährigen Kiefer kennt, und das Bild dieser beiden Kiefer treu im Gedächtniß hat, wird bei Beurtheilung der dazwischen liegenden Kiefer nicht in Verlegenheit kommen, und den sich dem 9jährigen mehr nähernden, als mehr oder weniger 10jährig, den sich dem 12jährigen mehr nähernden, für mehr oder weniger 11jährig erklären.

Das 12jährige Alter unterscheidet sich vom 9jährigen hauptsächlich in Folgendem:

Es zeigen sich in der Regel in größeren oder geringerem Grade einzelne graue Haare auf dem Augenbogen; der Eckzahn im Unterkiefer hat mehr eine runde, als dreieckige Form; der innere Schmelzrand ist, wenn auch nicht ganz verwischt, doch nicht mehr erhaben; der vielleicht im 9. Jahre sichtbar gewesene schwarze Fleck ist entweder gar nicht mehr zu sehen, oder hat eine matte bräunliche Spur zurückgelassen; vor allem markirt sich aber der 12jährige Eckzahn gegen den 9jährigen durch seine vermehrte Länge und horizontalere Richtung. Wenn der Hakenzahn im 9jährigen Kiefer oft noch eine gewisse Schärfe zeigt, so ist dieser im 12. Jahr sehr abgestumpft. Der bei dem 9jährigen Pferde bestandene Einbiß an den Eckzähnen des Oberkiefers ist völlig verschwunden.

Was in Bezug des Abschleifens der Zähne beim 9jäh=

rigen Kiefer gesagt worden ist, findet auch auf den 12jäh=
rigen Kiefer seine Anwendung.

Figur XI. stellt den Unterkiefer eines 16jährigen Pfer=
des vor. — Das Zahnfleisch hat sich bedeutend von den
Zähnen zurückgezogen, ist, was man sagt, geschwunden,
wodurch der Eckzahn länger erscheint, als der des 12jähri=
gen Kiefers, auch ist die Richtung bedeutend horizontaler.
Der Zahn des 16jährigen Pferdes ist auf seiner obern
Fläche so stark als breit, also mehr oder weniger rund,
der im 12. Jahre noch sichtbare innere Schmelzrand zeigt
sich nur noch in Form einer kleinen weißen Flamme, die
Augenbogen sind grauer, Stirn und Nasenbein sind eben=
falls mit grauen Haaren besetzt, die Augengruben sind ein=
gefallen, und je nach der Race, dem Gebrauch oder der
Wartung des Thieres bemerkt man auch mehr oder weni=
ger von den auf die äußere Form Bezug habenden, oben
angeführten Begleitern des erhöhten Alters.

So wie die Merkmale des verschiedenen Alters zwi=
schen 12 und 16 Jahren entweder mehr mit denen des
12 oder mit denen des 16jährigen Kiefers übereinstimmen,
eben so wird das Bild des 16jährigen Kiefers und die mit
diesem Alter noch sonst verbundenen Merkmale als Maaß=
stab für das über 16 Jahre hinausreichende Alter dienen.

Schließlich mag hier noch der Betrügerei Erwähnung
geschehen, durch eine gewisse Procedur mit den Zähnen
ein Pferd älter oder jünger zu machen. Der Betrüger
reißt dem 4jährigen Füllen die Eckfüllenzähne aus, um das
Füllen als Pferd zu verkaufen, und besser bezahlt zu er=
halten. Dieses Verfahren ist zu erkennen an dem noch
gar nicht zu bemerkenden, auf der oberen Fläche ganz hohl

erscheinenden Pferdezähne, — ferner an dem entzündeten oder geschwollenen Zahnfleisch, oder es ist vergessen worden, die Eckfüllenzähne im Vorderkiefer auszureißen, die naturgemäß früher abgeschoben werden, als die im Hinterkiefer, da sie früher hervorbrechen.

Um das alte Pferd in Bezug des Zahns jung erscheinen zu lassen, werden die Schneidezähne im Hinterkiefer getarkelt, d. h. die vermöge des Alters ausgefüllte Kunde wird innerhalb des innern Schmelzrandes mit einem scharfen harten Instrument ausgegraben und mittelst einer Beitze schwarz gefärbt.

Man erkennt das Tarkeln an dem Mißverhältniß der Kunde zur Länge und Richtung des Zahns, — besonders aber an der größern oder geringern Zerstörung des innern Schmelzrandes.

## Fünfter Abschnitt.
### Von dem Koppen der Pferde.

Unter Koppen, auch Köken oder Krippensetzen genannt, versteht man eine besondere Angewohnheit der Pferde, vermöge welcher sie den vorderen Rand der Schneidezähne eines oder beider Kiefer auf irgend einen Gegenstand (gewöhnlich die Krippe) aufsetzen oder denselben mit den Zähnen umfassen, und dabei mit sehr gekrümmten Halse einen eigenthümlichen, dem Rülpsen des Menschen gleichenden Laut hervorbringen.

Die Besprechung des in Rede stehenden Gegenstandes reiht sich den im vorhergehenden Abschnitte enthaltenen Erörterungen insofern auf eine geeignete Weise an, als das Koppen in der Regel einen Einfluß auf die Beschaffenheit der Zähne äußert. Nach dem Grade nehmlich, in welchem die Pferde sich das Koppen angewöhnt haben, und der zuweilen sehr bedeutend ist, werden die Schneidezähne, und zwar vorzugsweise die Zangen und Mittelzähne eines oder beider Kiefer abgeschliffen, so daß die Ränder kleinere oder größere Flächen bilden. Wenn dagegen die Pferde beim Koppen den Gegenstand mit den Schneidezähnen beider Kiefern umfassen, so werden die ganzen Reibeflächen dadurch angegriffen. Hierdurch bietet sich ein äußeres Erkennungszeichen des Koppens dar, welches bei der Untersuchung eines Pferdes nicht unbeachtet bleiben darf. Es ist indessen das Vorhandensein dieses Erkennungszeichens nur als die Regel zu betrachten, von welcher mitunter Ausnahmen vorkommen. Zuweilen koppen Pferde, ohne aufzusetzen, indem sie den Kopf mit gekrümmten Halse in der Luft schwenken (die sogenannten Luftkopper), in welchem Falle die vorerwähnten Anzeichen an den Zähnen fehlen. Andernfalls können die beim Koppen gewöhnlich vorhandenen Anzeichen an den Zähnen sich vorfinden, ohne daß die Pferde wirklich koppen, indem einige Pferde nur die Angewohnheit haben, auf harte Gegenstände zu beißen (die Krippenbeißer) oder die Zähne daran zu wetzen; in dem letzteren Falle pflegen sie mit den Vorderfüßen unablässig seitwärts hin und her zu treten, was man mit dem Ausdruck: Leinewebern bezeichnet.

Wenngleich das Koppen nicht als ein Krankheitszustand zu betrachten ist, so verdient es doch mit Recht, als eine üble Angewohnheit angesehen zu werden. Abgesehen davon, daß in einzelnen Fällen, wenn die Pferde stark koppen, und sich dabei sehr aufblähen, Kolikanfälle herbeigeführt werden können, so ist es ein mit den Koppen gewöhnlich verbundener Nachtheil, daß die Pferde viel Futter verstreuen. — Als ein besonders zu berücksichtigender Uebelstand muß noch erwähnt werden, daß jüngere Pferde sich sehr leicht das Koppen angewöhnen, wenn sie neben koppenden Pferden stehen.

## Sechster Abschnitt.
### Untersuchung des Sehvermögens.

Der äußern Theile und der äußern Construction des Auges ist schon früher Erwähnung geschehen, um jedoch die Blindheit des Pferdes zu erkennen, und die Hauptursachen richtig zu beurtheilen, ist es nöthig, sich wenigstens in etwas mit den innern Theilen des Auges selbst bekannt zu machen, und hierüber mag so viel folgen, als zur Untersuchung des Auges nöthig ist.

Das Innere des Auges, Augapfel genannt, ist ein runder, aus mehreren Häuten und Flüssigkeiten bestehender, durch die Bindehaut mit den Augenliedern oder äußern Theilen des Auges verbundener Körper, welcher durch mehrere auf ihn einwirkende Muskeln nach verschiedenen Richtungen hin bewegt werden kann.

Die erste, diesen Augapfel umschließende und mit der Bindehaut zusammenhängende Haut wird Hornhaut genannt. Die beim lebenden Thiere nicht sichtbare, den hintern Theil des Augapfels umschließende Haut ist nicht durchsichtig, und wird daher die undurchsichtige Hornhaut genannt, während man die den vordern und sichtbaren Theil des Augapfels umschließende Haut die durchsichtige Hornhaut nennt, indem dieselbe klar und so durchsichtig ist, daß man die hinter ihr liegenden Theile erkennen kann.

Die nächstfolgende Haut heißt Regenbogenhaut, sie theilt das Auge in eine vordere und eine hintere Augenkammer, ist von hell- oder dunkelbrauner Farbe, nach Maßgabe der helleren oder dunkleren Farbe des Pferdes; im ersteren Falle wird das Auge mit dem Ausdruck: Birkauge bezeichnet. In der Mitte hat die Regenbogenhaut eine ovale Oeffnung, die das Sehloch oder die Pupille genannt wird. An dem obern Rande der Pupille befinden sich einige schwarze Körner, die Traubenkörner heißen.

Die Regenbogenhaut ist eine elastische, gegen die Einwirkungen des Lichts sehr empfindliche Haut, so daß die in derselben befindliche Pupille im Dunklen am weitesten geöffnet ist, und sich nach dem Grade des auf sie einwirkenden Lichtes mehr oder weniger verengt, wie man durch die durchsichtige Hornhaut wahrnehmen kann. Ist die Farbe der Regenbogenhaut nicht braun, sondern bläulich, so wird das Auge Glasauge genannt. Ein Glasauge ist an und für sich kein fehlerhaftes Auge. Hinter der in der Regenbogenhaut befindlichen Pupille liegt ein klarer, durchsichtiger Körper, die Linse genannt, deren Lage im gesunden Zustande parallel mit der Pupille ist. Der Raum zwischen der durchsichtigen Hornhaut und der Regenbogenhaut bis zur Linse ist mit einer wässerigen klaren Flüssigkeit ausgefüllt, welche wässerige Flüssigkeit genannt wird. Hinter der Linse befindet sich ein ebenfalls klarer, durchsichtiger, dem Eiweiß ähnlicher Körper, Glaskörper genannt, der den hintern Theil des Augapfels ausfüllt, und die Ausbreitung des Sehnervs, als eine ins bläulich schillernde Haut durchscheinen läßt.

Bei der Untersuchung des Augapfels hat man demnach auf folgende Theile zu sehen:

Die durchsichtige Hornhaut, die Regenbogenhaut mit ihrer Pupille, die hinter der Pupille liegende Linse und den Glaskörper.

Um diese innern Theile des Auges zu untersuchen, ist es nöthig, daß man das Pferd ins Halbdunkel stellt, so daß die Pupille möglich weit geöffnet erscheint. Etwas rückwärts der geöffneten Stallthüre ist ein passender Stand.

Die durchsichtige Hornhaut muß jetzt glänzend, klar und durchsichtig erscheinen, so daß man sowohl die Pupille in der Regenbogenhaut, als die dahinter liegenden Theile deutlich sieht. Ist die Hornhaut nicht klar und durchsichtig, sondern wie angehaucht überzogen, oder bemerkt man Flecken von blaugrauer Farbe in derselben, so deuten diese Merkmale auf eine Entzündung hin, womit das Auge behaftet gewesen ist, und solche Flecke sind dem Sehvermögen in der Art hinderlich, daß das Thier die verschiedenen Gegenstände nicht mehr richtig erkennt und daher markirt und scheut.

Die Pupille muß sich in ihrer normalen Größe zeigen, und in dem einen Auge so groß, als in dem andern sein. Findet hierin ein bedeutender Unterschied statt, so ist das Auge mit der kleinsten Pupille in der Regel als nicht gesund zu betrachten; die Pupille muß sich ferner verengen, wenn man das Pferd mehr gegen das Licht vor=

zieht, geschieht das nicht, so hat die Regenbogenhaut ihre Reizbarkeit verloren, und es ist auf eine Lähmung oder Zerstörung des Sehnervs selbst, also auf eine völlige Blindheit des Auges zu schließen.

Rücksichtlich der Regenbogenhaut ist hierbei noch Folgendes zu bemerken. So wie beim Menschen, ist es auch beim Pferde; eines ist mit bessern Augen versehen, als das andere. Man bemerkt bei dem einen Pferde eine viel größere Reizbarkeit in der Regenbogenhaut, als bei dem andern; die Pupille wird daher bei dem einen Pferde auch viel mehr bei Einwirkung des Lichts geschlossen, als bei dem andern. Eben so verhält es sich mit der Größe der Pupille; bei dem einen Pferde ist sie größer, als bei dem andern. Das Maaß der geöffneten und geschlossenen Pupille läßt sich daher auch nur allgemein angeben, und wenn daher von einer normalmäßigen Größe der Pupille die Rede ist, so kann sich dieses nur auf ein allgemeines Maaß der gewöhnlichen Größe beziehen, welche ungefähr in Figur XII. und XIII. dargestellt ist, wobei XII. die verengte und XIII. die geöffnete Pupille bezeichnet.

Die Linse muß klar, nicht trübe und ohne alle Flecken erscheinen. Bemerkt man einzelne graue Punkte oder Flecke in der Linse, so nennt man dieselben Staarpunkte. Sie hindern das Sehvermögen in demselben Maaß, als sie die Linse bedecken, so daß, wenn die Linse davon ganz bedeckt ist, also in ihrer ganzen sichtbaren Größe grau erscheint, das Auge auch völlig blind ist. Diese Blindheit nennt man den grauen Staar.

Die Staarpunkte oder Flecken sind also nicht mit den oben angeführten Hornhautflecken zu verwechseln, indem die ersteren innerhalb des Raumes, welcher die Pupillen begrenzt, in der Linse selbst befindlich, während die letzteren nur in der Hornhaut wahrgenommen werden.

Wenn nun der graue Staar, die graue Verdunkelung der Linse, sichtbar und leicht zu erkennen ist, so ist dieses nicht mit dem sogenannten schwarzen Staar der Fall, indem das mit diesem Staar behaftete Auge äußerlich ganz gesund erscheinen kann, und dennoch völlig blind ist.

Der schwarze Staar hat nämlich seinen Grund in einer Krankheit des Sehnervs selbst, und markirt sich im Auge nur hauptsächlich dadurch, daß sich die Pupille in der Regenbogenhaut nicht mehr bei der Einwirkung des Lichts verengt oder erweitert, der Augapfel selbst nach längerem Bestehen des Uebels kleiner erscheint, als der andere gesunde, die durchsichtige Hornhaut den, dem gesunden Auge eigenthümlichen Glanz verloren hat, und das obere Augenlied anders gewölbt mehr einen Winkel bildend erscheint. Hat man daher Ursache, aus dem Gange und dem Benehmen des Thieres überhaupt auf Blindheit zu schließen, trotzdem daß das Auge äußerlich gesund erscheint, so führe man das Pferd aus dem Dunklen ins Helle und umgekehrt; findet hierbei kein Verengen und Erweitern der Pupille statt, bleibt sie stets gleich weit geöffnet stehen, so ist das Auge mit dem schwarzen Staar behaftet und völlig erblindet.

Hierbei ist jedoch noch Folgendes zu bemerken:

Leidet das Thier nur auf einem Auge, so findet in den meisten Fällen trotz der Lähmung des Sehnervs dennoch eine Bewegung der Pupille statt, hervorgebracht durch den nicht aufhörenden Reiz der Lichtstrahlen auf das gesunde Auge, und man muß, um nicht getäuscht zu werden, das gesunde Auge fest zubinden, und nun das kranke dem Lichtwechsel aussetzen; die Pupille wird alsdann sich erweitern, und auch beim grellen Licht so bleiben. Nöthig ist es immer, in solchen zweifelhaften Fällen auch Versuche durch Drohen mit einem Stock, Führen gegen Hindernisse und so weiter zu machen.

Wird der Glaskörper des Auges durch irgend eine Veranlassung krank, so verändert er sich nicht selten, wird undurchsichtig und nimmt eine mehr grüne Farbe an, wodurch der grüne Staar gebildet wird.

Auch dieser hebt das Sehen ganz auf, und kommt meistens mit dem grauen Staar gemeinschaftlich vor. Wie der graue Staar durch die graue Verdunkelung der Linse, so ist dieser an der grünen Verdunkelung des Glaskörpers zu erkennen.

Da zu den verschiedenen Ursachen des grauen, des schwarzen und des grünen Staares, wie überhaupt zu dem verringerten Sehvermögen, hauptsächlich vorangegangene Entzündungen des Auges zu zählen sind, so erscheint es nicht unwichtig, sich wenigstens im Allgemeinen mit dem Erkennen und Beurtheilen der Augenentzündung bekannt zu machen.

Ist die Augenentzündung noch vorhanden, so markirt sie sich sehr deutlich durch geschlossene und geschwollene Augenlieder mit oder ohne einen mehr oder weniger starken Thränenfluß aus dem innern Augenwinkel. Die innere Haut des Augenliedes ist nach dem Grade der Entzündung mehr oder weniger geröthet und das Auge von einer unnatürlichen Wärme eingenommen.

Je mehr von Allem diesen da ist, desto heftiger und gefährlicher ist auch die Entzündung selbst, je öfter sich auch die Entzündung wiederholt, je öfter das Auge angegriffen wird, wie dies bei der vorkommenden periodischen Augenentzündung, der sogenannten Mondblindheit, der Fall ist, desto mehr ist für das Sehvermögen zu fürchten; es kommt daher hauptsächlich darauf an, es dem augenblicklich nicht von einer Entzündung befallenen Auge anzusehen, inwiefern es früher hieran gelitten hat. Ist die durchsichtige Hornhaut mehr oder weniger trübe, bemerkt man Flecke in derselben, so sind dies Merkmale einer vorangegangenen Entzündung; finden diese Merkmale in der Hornhaut nicht statt, so kann man doch auf vorangegangene Entzündung schließen, wenn sich die äußere Haut um den innern Augenwinkel sehr in Falten gezogen hat, und daselbst, so wie unter dem Auge, kahl und haarlos ist, was durch den Thränenausfluß bei der stattgefundenen Entzündung bewirkt worden. Alle diese Merkmale, welche auf eine vorübergegangene Entzündung hindeuten, ermahnen zur Vorsicht beim Untersuchen des Auges.

Wegen des schwarzen Staars, sowie wegen der Mondblindheit ist der Verkäufer zu einer Gewährszeit von 28 Tagen verpflichtet.

## Siebenter Abschnitt.
Farbe und Größe des Pferdes.

### Erstes Kapitel.
**Von der Farbe und den Abzeichen der Pferde.**

Die Farbe des Pferdes hängt von der Farbe des Haares ab. Diese ist entweder einfarbig, gemischt oder mehrfarbig.

Das einfarbige Haar ist: schwarz, weiß, roth, braun, gelb; das gemischte Haar ist aus diesen Haaren wie untereinander gemischt, zusammengesetzt.

Das mehrfarbige Haar ist aus den angegebenen Farben ebenfalls zusammengesetzt, aber nicht wie untereinandergemischt, sondern nach den Farben in größere oder kleinere Flächen vereinigt.

1. Einfarbiges Haar.

Zu den Pferden mit schwarzem Haar zählt man:
1) Den Glanzrappen. Das sehr schwarze Haar zeichnet sich durch einen schönen Glanz aus.
2) Den Kohlrappen. Das Haar hat dieselbe Schwärze, nur ohne Glanz.
3) Den Sommerrappen. Das schwarze Haar fällt ins Graue oder Braune.

Zu den Pferden mit weißem Haar zählt man:
Den weißgebornen Schimmel. Das weiße Haar ist ganz rein, ungemischt und glänzend, Augen und Maul röthlich, die Hufe blaßgelb.

Das rothe Haar giebt die Fuchsfarbe, und ist sehr verschieden, je nachdem die rothe Grundfarbe hell oder dunkel ist.

1) Der Rothfuchs. Die rothe Grundfarbe fällt ins Braune.
2) Der Goldfuchs. Die rothe Grundfarbe fällt ins Gelbliche, und das Haar ist besonders glänzend.
3) Der Hellfuchs. Die rothe Grundfarbe fällt stark ins Gelbliche.
4) Der Dunkelfuchs. Die rothe Grundfarbe fällt stark ins Dunkelbraune, oder mehr oder weniger ins Schwarze.
5) Der Schweißfuchs ist ein Dunkelfuchs, dessen Mähne und Schweif weiß sind.

Bei dem braunen Haar der Pferde unterscheidet man:
1) Das kastanienbraune Haar. Das Haar hat die Farbe der reifen Kastanien.
2) Das hellbraune Haar. Die braune Farbe fällt ins Gelbe.
3) Das schwarzbraune Haar. Das Haar ist beinahe schwarz, doch ist Maul und Flanke rothbraun.
4) Das dunkelbraune Haar ist ebenfalls sehr dunkel; die Extremitäten sind schwarz.
5) Das rehbraune Haar. Dieses Haar ist mehr grau als braun.

Pferde mit gelbem Haar werden entweder Isabelle oder Falbe genannt. Das Isabellenhaar unterscheidet sich vom Falbenhaar hauptsächlich dadurch, daß ersteres heller als letzteres ist, auch ist Mähne und Schweif beim Isabell weiß, während diese Haare beim Falben schwarz, oder doch mehr oder weniger dunkel sind.

2. Gemischtes Haar.

Wie schon erwähnt, ist dieses Haar aus den angegebenen Farben wie untereinandergemischt, und kommt am meisten bei den Schimmeln vor, wobei besonders die schwarze Farbe, bald heller, bald dunkler schattirend, in Betracht kommt. So hat man Schwarz= und Blauschimmel; bei ersterem ist die schwarze, bei letzterem die weiße Farbe vor= herrschend. Stehen die untermischten dunkeln Haare in ganz kleinen Gruppen zusammen, so nennt man ein solches Pferd Fliegenschimmel; bilden sich beim Blauschimmel grö= ßere, rundliche, hellere Flecken, so wird er Apfelschimmel genannt. Der Eisenschimmel hat eine dem Bruche des Ei= sens ähnliche Farbe, und wird Mohrenkopf genannt, wenn der Kopf schwarz ist. Beim Grauschimmel ist weiß und schwarz ziemlich gleichmäßig vertheilt, doch ist das Weiß nicht rein, sondern schmutzig. Beim Muskatschimmel ist das Haar mit rothgelben, beim Rothschimmel mit mehr ins Rothe fallenden Haaren untermengt.

Außer den Schimmeln kommt das gemischte Haar be= sonders bei den Füchsen und Braunen vor, indem diese beiden Farben mit kleinen weißen Haaren untermischt er= scheinen, und die Pferde dann Stichelfüchse oder Stichel= braune genannt werden.

3. Mehrfarbiges Haar.

Hier sind die verschiedenen Farben, wie oben erwähnt, in kleinern oder größern Flächen zu einander gestellt, und das mit dieser Farbe begabte Pferd wird entweder Schecke oder Tiger genannt. Die Grundfarbe ist bei beiden weiß, nur markirt sich die andere Farbe bei den Schecken in gro= ßen Flächen, bei den Tigern hingegen in kleinern Flächen. Nach der der Grundfarbe beigegebenen Farbe erhält das mehrfarbige Haar seine Benennung, so hat man: Schwarz= schecken, Rothschecken, Braunschecken und so weiter.

### 4. Abzeichen.

Hierunter versteht man weiße Haare bei Pferden von dunkler Farbe, am Kopf und an den Füßen. Dieselben sind:

1) Ein Stern, ein vollkommen weißer Fleck auf der Stirn. Wenn der Stern mit einer Spitze sich auf die Nase hin verlängert, heißt er Spitzstern oder Schußstern. Ein kleines Sternchen wird auch Blümchen genannt.
2) Ein gemischter Stern ist dasselbe, nur sind die weißen Haare mit anderen gemischt.
3) Eine Flocke ist ein ganz kleiner gemischter Stern.
4) Eine Blässe ist ein mehr oder weniger breiter, grade oder schief von der Stirn über die Nase laufender weißer Strich.
5) Eine Schnippe ist ein weißer Fleck unterhalb der Nasenlöcher.

Die Benennung der weißen Füße geschieht in der Art und Reihefolge, wie sie gezeichnet sind, oder welcher Theil des Fußes besonders bezeichnet ist. — Zum Beispiel ein Pferd hat folgende Abzeichen: Stern, Schnippe, beide Hinterfüße, linke Vorderfessel und rechten Vorderballen weiß.

---

## Zweites Kapitel.
### Von der Größe der Pferde.

Hierunter wird die Höhe vom Boden, worauf das Pferd steht, bis zum Widerriß verstanden.

Dieselbe wird durch ein Bandmaaß gemessen, welches in Fuß, Zolle und halbe Zolle eingetheilt und unten mit einem Trittbrett versehen ist. Das Trittbrett wird auf die

Erde, dicht an die Tracht eines Vorderfußes gelegt, der Messende tritt mit einem Fuß auf das Trittbrett, und legt das Maaß an den Körper des Pferdes bis zum höchsten Punkt des Widerrisses, welcher Punkt auf dem Bandmaaß bemerkt wird, und die Größe des Pferdes bezeichnet.

# Anhang.

## Praktische Anweisung zur Ausführung einer Untersuchung der Brauchbarkeit des Pferdes.

Wenngleich die in den vorstehenden Abschnitten enthaltene Kenntniß von der normalen Beschaffenheit des Pferdes und den vorkommenden wichtigsten Abweichungen von dieser normalen Beschaffenheit zur Beurtheilung des Pferdes unerläßlich ist, so unterliegt es keinem Zweifel, daß es ebenfalls von großer Wichtigkeit ist, zu wissen, wie die Untersuchung eines Pferdes Behufs der Ermittelung seiner Brauchbarkeit in der Praxis am zweckmäßigsten anzustellen ist, indem nur dann eine erfolgreiche Anwendung von der vorbemerkten erlangten Kenntniß gemacht werden kann. Hierüber einige praktische Anleitungen zu geben, ist der Zweck des den vorstehenden Abschnitten sich anschließenden Anhangs.

Für die hier in Rede stehende Untersuchung werden vier Sinne in Anspruch genommen, und zwar: das Gehör, der Geruch, das Gesicht und der Tastsinn (das Gefühl mit der Hand). Unter diesen Sinnen ist jedoch das Gesicht derjenige, welcher die Hauptsache zu leisten hat, und daher vorzugsweise in Thätigkeit gesetzt werden muß. Nur dem Auge ist es möglich, die ganze Statur des vor ihm befindlichen Pferdes mit einem Male zu überblicken, und mit dem eingeprägten Bilde des Ideals zu vergleichen; aberauch die Untersuchung und Prüfung der einzelnen Theile liegt vorzugsweise diesem Organe ob. Wenn durch die Besichtigung sich an irgend einem Theile der Gliedmaßen eine Abweichung von der normalen Form bemerkbar macht, ist eine genauere Prüfung dieses Theiles auch durch das Befühlen nothwendig. Wer aber ohne besondere Veranlassung fast alle Gliedmaßen mit den Händen untersucht, beweist in der Regel, daß er die Sache noch nicht recht verstehe.

Sehr vortheilhaft ist es, das zu untersuchende Pferd auch im Stalle zu sehen, und wenn die Gelegenheit es gestattet, muß daher die Untersuchung sowohl im Stalle als auch im Freien vorgenommen werden. Wir betrachten demnach zuvörderst:

I. Die Untersuchung im Stalle.

Bei der Untersuchung des Pferdes im Stall muß dasselbe nackt und nur mit der Halfter angebunden sein, überhaupt muß es durch Niemand beunruhigt werden. Die Untersuchung betrifft hier hauptsächlich das Benehmen des Pferdes, die Art und Weise des Standes, des Athmens, des Fressens, und gleichzeitig sehe man auf die Beschaffenheit des Mistes. Ist die Halfter sehr fest zugeschnallt, so lasse man sie lockerer machen, ein Kehlriemen wird ganz entfernt, weil diese Vorkehrungen sehr häufig das Krippensetzen verbergen sollen. Man sehe ferner darauf, ob die Krippe sehr zerfressen, oder der Stand vorn sehr beschädigt ist. Beide Wahrnehmungen deuten auf üble Angewohnheiten der Pferde. Das Krippenbeißen ist oft mit dem Krippensetzen verbunden, und durch das häufige Hauen mit den beschlagenen Vorderhufen auf den Fußboden leiden die Schenkel.

Demnächst lasse man das Pferd auftrensen und bis zur Stallthür führen, um die Augen nach der im sechsten Abschnitt angegebenen Anleitung zu untersuchen. Sowohl bei dieser Untersuchung als in allen Fällen, in denen zwei gleichartige Theile zu prüfen sind, darf es nicht unterlassen werden, beide genau mit einander zu vergleichen.

In der Stallthüre wird auch der angemessenste Ort sein, um das Alter des Pferdes und die übrigen Verhältnisse im Maule zu untersuchen, wobei namentlich darauf zu sehen ist, ob die Zunge ganz ist, und die Ladenwände unverletzt sind.

Es erfolgt nunmehr:

## II. Die Untersuchung im Freien.

Das Pferd soll ebenfalls nackt, ohne Sattel und Decke, mit der Trense gezäumt vorgeführt werden. Es ist durchaus nicht zu gestatten, daß das Pferd sogleich vorgeritten werde; denn ein guter Musterreiter, d. i. ein solcher, der sich damit beschäftigt, Pferde für den Handel vorzureiten und zu produciren, versteht es, nicht zu bedeutende Fehler der Gliedmaßen während des Reitens zu verstecken; ja diese Kunst geht so weit, momentan ein nicht zu starkes Hinken unbemerkbar zu machen. Außerdem wird das Auge durch die durch Kunst hervorgebrachte Bewegung des Pferdes oft bestochen.

Da es indessen zur vollständigen Prüfung des Pferdes nothwendig ist, dasselbe auch in der Bewegung zu beobachten, so wird die Untersuchung im Freien zuerst im Zustande der Ruhe, und demnächst während der Bewegung vorzunehmen sein.

A. **Untersuchung des Pferdes im Zustande der Ruhe.**

Das Pferd wird zu diesem Behuf auf einen ebenen, horizontal gelegenen Platz recht ruhig hingestellt; es darf sich dabei nicht strecken, und die Vorderfüße sowie die Hinterfüße müssen in sich in gleicher Höhe stehen.

Da nun, wie oben erwähnt, das Auge hauptsächlich das untersuchende Werkzeug ist, so kommt es darauf an, dasselbe nicht zu ermüden, was um so eher stattfinden kann, wenn man nicht ein Pferd, sondern mehrere hintereinander zu untersuchen und zu übernehmen hat; um daher einen und denselben Gegenstand nicht 3 oder 4mal zu besehen, wodurch die Zeit immer verlängert, und die Ermüdung des Auges um so eher herbeigeführt wird, ist es nöthig, eine gewisse Eintheilung der Besichtigung zu treffen. Diese Eintheilung mag beispielsweise folgende sein.

Man stellt sich zur Seite des grade gestellten Pferdes, und beurtheilt die ganze Gestalt, ob es vielleicht zu klein und schwach und überhaupt einer speciellen Untersuchung werth ist, ob es sich mehr für den Zug- oder Reitdienst, oder nur für den einen oder andern dieser Dienstarten besonders eignet; wie Kopf, Hals, Widerriß, Rücken, Lenden und Kruppe gebaut sind, und in welchem Verhältniß diese Theile zu einander stehen; wie die Gliedmaßen gebaut, und wie sie gestellt sind, welche Fehler man von der Seite bemerkt, als: Stollbeule, gedrosseltes Knie, Sehnenklapp, Gallen, Bau des Hufes, Blutspath, Hasenhacke, Rehbein, Raspe, Ringbein. Man achte auf die Beschaffenheit der Haut und des Haares, man sehe, ob Brüche, Warzen, Knoten, Hautausschläge, kahle Flecke, besonders an der Schulter, der Hüfte, in der Umgegend des Auges, oder an der Brustwandung zugegen, die häufig Folgen von scharfen Einreibungen sind; auf Narben von vorhergegangenen Verletzungen und Geschwüren, oder von Haarseilen, Fontanellen, von der Anwendung des Glüheisens ꝛc.; ferner sehe man, ob Auftreibungen und Erhöhungen einzelner Theile des Kopfes, ob Knochengeschwülste, Genick=, Brust= und Widerriß=Beulen vorhanden sind. Wie das Athmen geschieht. Ein geübtes Auge braucht zu allem diesen nicht viel Zeit. — Nach diesem tritt man vor das Pferd, und befühlt den Kehlgang, ob Drüsenanschwellungen vorhanden, und wie diese beschaffen sind. Man untersucht, wie die Färbung und Beschaffenheit der Schleimhaut, des Mauls und der Nase ist, ob Ausfluß aus dem einen oder dem andern Nasenloche besteht, welche Farbe und Consistenz dieser hat, und ob an der Schleimhaut sich Geschwüre oder Verletzungen zeigen. Man rieche, ob die ausgeathmete Luft, in Folge von Eiterknoten in der Lunge, übelriechend ist, ob es dem Pferde aus dem Maule stinkt, was bei hohlen Zähnen und bei Zahnfisteln vorkommt. Auch lasse man das Pferd husten, indem man mit der einen Hand den Kehlkopf mäßig zusammendrückt, um hierdurch die Gesundheit der Lungen zu prüfen. Man beurtheile den Bau der Brust, die Stellung der vordern Gliedmaßen, ferner ob Knieschwamm, Ueberbeine und Huffehler vorhanden sind. Man sehe nach, ob an den Fesselgelenken sich alte Narben oder harte Geschwülste befinden, woraus hervorgeht, daß das Pferd sich früher gestreift hatte, was man bei größeren Anstrengungen desselben wieder zu befürchten hat. Nun setzt man den Umgang auf die andere des Thiers natürlich sein; Alles, was daher auf die Aufregung des Thiers Einfluß haben kann, wirkt in Bezug der Untersuchung nachtheilig ein. Daß die Peitsche hierbei zu verbannen ist, versteht sich von selbst.

Der Trab ist die passendste Gangart, die regelmäßige Bewegung der Gliedmaßen zu prüfen. Man lasse daher durch den Führer das Pferd mit etwas langen Zügeln zuerst auf hartem Boden im Schritt und dann in einem ganz kurzen, sogenannten Hundetrabe auf der graden Linie vorführen; ist die Zeit kostbar, so kann der Schritt wegfallen. Man hat hierbei hauptsächlich auf Folgendes zu sehen:

1) Auf das gehörige Vorsetzen der Füße. Der Vorderhuf soll über die Bugspitze hinausgesetzt werden, der Hinterhuf soll wenigstens die Spur des Vorderhufs erreichen. Ist dieses letztere nicht der Fall, so sagt man, das Pferd hat keine Folge.

2) Ob das Pferd mit dem einen Fuße so fest auf den Boden auftritt, wie mit dem andern, und beide Füße gleich weit vorgesetzt werden, wie die Bewegung der Fessel ist.

3) Ob das Pferd hinten kuhhessig geht, oder vorn fuchtelt.

4) Ob das eine Sprunggelenk höher gehoben oder weniger gebogen wird, überhaupt in der Bewegung steifer erscheint, als das andere. Ob Hahnentritt vorhanden.

5) Ob das Pferd sehr eng oder gehörig weit geht. — Man soll während des Ganges zwischen allen vier Füßen durchsehen und einen Raum von einigen Zollen bemerken.

6) Ob sich das Pferd während der Bewegung träge oder

Seite des Pferdes fort, und stellt hier dieselben Betrachtungen an, wie vorher. — Glaubt man hierbei zu bemerken, daß ein Theil z. B. die Schulter besonders gestellt oder abgemagert ist, so muß man beide Theile, hier die Schultern, mit einander vergleichen.

Nach diesem tritt man hinter das Pferd, und untersucht den Bau der Hüften, ob das Pferd auch die gehörige Breite habe und überhaupt in den Muskeln stark gebaut sei, wie die hintern Gliedmaßen gestellt, ob Spath vorhanden, die Sprunggelenke und der übrige Theil der hintern Gliedmaßen von gesunder Beschaffenheit sind. Auch unterlasse man nicht, die Geschlechtstheile zu untersuchen, man fühle, ob Verhärtungen oder Fisteln der Saamenstränge, ob die Ruthe ganz, oder ob sich krebsartige Geschwüre an derselben befinden, ob Hoden= oder Leistenbrüche vorhanden sind. Endlich überzeugt man sich von der Gesundheit des Hufs, indem man die Füße aufheben läßt, den untern Theil des Hufs besichtigt, und auch vergleicht, ob ein Huf so groß ist, als der andere.

Das hier Gesagte mag als ungefährer Anhalt dienen. Die Hauptsache ist, eine gewisse Reihenfolge zu beobachten, das Auge bleibt hierbei ruhig, und man übersieht viel weniger, als wenn man bald diesen, bald jenen Theil von der Vor= oder Hinterhand ins Auge faßt.

B. **Untersuchung des Pferdes während der Bewegung.**

Hierbei will man hauptsächlich die Bewegung und die Gesundheit der Gliedmaßen prüfen, ferner so viel als möglich das Temperament des Pferdes beurtheilen. Will man in dieser Beziehung etwas sehen, so muß die Bewegung feurig zeigt, wie es Kopf und Schweif trägt, und ob die Ohren eine freie, lebhafte Bewegung haben.

Alles dieses mit einem Blicke zu übersehen, ist nicht gut möglich; man thut daher gut, sich das Pferd wenigstens 2 bis 3mal vorführen zu lassen, und sich die Gegenstände der Untersuchung einzutheilen; z. B. man sehe zuerst auf No. 1. und 2., nach diesem auf 3. 4. 5., und reflectire während des Ganges auf 6.

Dann nehme man das Pferd auf weichen Boden, lasse den Führer aufsitzen, und dasselbe womöglich 5 bis 8 Minuten im Trabe bewegen, um etwa vorhandene Hartschnaufigkeit oder Dämpfigkeit zu entdecken. —

# Register.

| | Seite |
|---|---|
| Abgesetzt, stark | 48 |
| Abzeichen | 85 |
| After | 6 |
| Alter der Pferde | 59 |
| Apfelschimmel | 84 |
| Arterien | 50 |
| Atlas | 9 |
| Aufgezogene, aufgeschürzt | 39 |
| Augapfel | 8. 75 |
| Augenbogen | 8 |
| Augenentzündung | 80 |
| Augengrube | 8 |
| Augenhöhle | 7 |
| Augenkammern | 76 |
| Augenlieder | 8 |
| Augenwimper | 8 |
| Augenwinkel | 8 |
| Backen | 6 |
| Backenbein | 40 |
| Backenmuskeln | 44 |
| Backenzähne | 59 |
| Bänder | 3 |
| Ballen | 23 |
| Bauch | 5. 39 |
| Bindehaut | 75 |
| Birkauge | 76 |
| Bläße | 85 |
| Blauschimmel | 84 |
| Blutspath | 50 |

| | Seite |
|---|---|
| Blümchen | 85 |
| Bockhuf | 34 |
| Braunschecke | 84 |
| Brust | 5. 12 |
| Bug, Buggelenk | 15 |
| Buglähmung | 28 |
| Chronische Hufgelenkslahmheit | 92 |
| Dämpfigkeit, Dampfrinne | 55 |
| Darmbein | 40 |
| Darmgicht | 58 |
| Darmfortsatz | 9 |
| Druse | 54 |
| Dummkoller | 57 |
| Dunkelbraun, Dunkelfuchs | 83 |
| Durchtreten | 27 |
| Eckstreben | 23 |
| Eckzähne | 59 |
| Einbiß | 68 |
| Einsattelung | 38 |
| Einwärtszieher (Backenmuskel) | 44 |
| Eisenschimmel | 84 |
| Ellenbogen | 18 |
| Ellenbogenbein | 15 |
| Ellenbogengelenk | 15 |
| Eselsohren | 8 |
| Falbe | 83 |
| Farbe der Pferde | 82 |
| Fesselbein | 15. 20 |
| Fesselgelenk | 20 |

|  | Seite |
|---|---|
| Fesselgelenkbein | 15. 20 |
| Flanken | 5. 39 |
| Flechsen | 4 |
| Fleischsohle, Fleischstrahl, Fleischwand | 23 |
| Fliegenschimmel | 84 |
| Flocke | 85 |
| Folge, keine haben (Gangart) | 93 |
| Froschgeschwulst | 9 |
| Fuchsfarbe | 82 |
| Fuchteln (Gangart) | 27 |
| Füllenzahn | 62 |
| Gallen | 29. 51 |
| Ganaschen | 6. 8 |
| Gaumen | 9 |
| Gedrosseltes Knie, Röhrbein | 20 |
| Gefesselt, kurz, lang | 21 |
| Gelenkhöhle | 3 |
| Gelenkschmiere | 3 |
| Genick | 9 |
| Genickbeule | 12 |
| Geschlossene Flanken | 40 |
| Glanzrappen | 82 |
| Glasauge | 76 |
| Glaskörrer | 77 |
| Gleichbeine | 15. 21 |
| Gliedmaßen, vordere, | 5. 14 |
| Gliedmaßen, hintere, | 6. 41 |
| Goldfuchs | 83 |
| Gräte | 15 |
| Grätenmuskeln | 17 |
| Grauschimmel | 84 |
| Griffelbeine | 15. 19 |
| Haarzotte | 22 |
| Hahnentritt | 52 |
| Hakenbein | 18 |
| Hakenzähne | 59 |
| Hals | 5. 9 |
| Halsmuskeln | 11 |
| Halswirbel | 9 |
| Hanken | 42 |
| Hartschnaufigkeit | 56 |
| Hasenhacke | 50 |
| Hechtkopf | 7 |
| Hellbraun | 83 |
| Hellfuchs | 83 |
| Hinterhand | 6. 40 |

|  | Seite |
|---|---|
| Hornhaut (durchsichtige, undurchsichtige | 75 |
| Hornkluft | 34 |
| Hornsohle | 24 |
| Hornspalt | 34 |
| Hornwand | 23. 25 |
| Hornwarze | 18 |
| Hüfte | 6. 40 |
| Hüftgelenk | 40 |
| Huf | 22 |
| Hufbein | 15. 22 |
| Hufgelenk | 22 |
| Jochbein | 7 |
| Isabell | 83 |
| Kamm | 11 |
| Kapselbänder | 3 |
| Karpfenrücken | 38 |
| Kastanienbraun | 83 |
| Kehle | 11 |
| Kehlgang | 8 |
| Kehlkopfspfeifen | 56 |
| Keilbein | 45 |
| Kennung (des Zahns) | 61 |
| Kinn= und Kinnkettengrube | 8 |
| Knie, des Vorderfußes | 15. 18 |
| Knieen, hängen in den | 26 |
| Kniegelenk, des Hinterfußes | 41 |
| Kniescheibe | 6. 41 |
| Knieschwamm | 29 |
| Knochenhaut | 3 |
| Knochenspath, sichtbarer | 47 |
| Knollhuf | 34 |
| Knorpel | 2 |
| Köthengelenk | 20 |
| Köthengelenkbein | 15. 21 |
| Köthenzopf | 22 |
| Kohlrappen | 82 |
| Kolik | 58 |
| Koller, rasender | 57 |
| Kopf | 5. 6 |
| Koppen (Köken) | 73 |
| Kreuz | 6. 40 |
| Kreuzbein | 40 |
| Krippenbeißer | 74 |
| Krippensetzen | 73 |
| Krone (des Fußes) | 22 |
| Krone (des Zahns) | 60 |

|   |   |
|---|---|
| Kronbein . . . . . 15. 22 | Ringbein . . . . . . . 31 |
| Kronengelenk . . . . 22 | Ringelhuf . . . . . . . 34 |
| Kruppe . . . . . . 6. 40 | Rippen, wahre, falsche . . 5 |
| Kuhhessig . . . . . . 45 | Röhrbein, vorderes . . . 19 |
| Kunde (des Zahns) . . . 61 | Röhrbein, hinteres . . . 41 |
| Kurzgerippt . . . . . . 39 | Rollbein . . . . . . . 44 |
| Laden . . . . . . . . 9 | Rothfuchs . . . . . . 83 |
| Langgerippt . . . . . . 39 | Rothschecke . . . . . . 84 |
| Leinewebern . . . . . 74 | Rotz (Krankheit) . . . . 53 |
| Lenden . . . . . . 5. 38 | Rückbügig . . . . . . 27 |
| Linse . . . . . . . . 76 | Rücken . . . . . . 5. 37 |
| Lippen . . . . . . . 8 | Saum, Saumband . . . 23 |
| Luftkopper . . . . . . 74 | Schale . . . . . . . 31 |
| Mauke . . . . . . . 32 | Schaufelohren . . . . . 8 |
| Maul . . . . . . . . 8 | Schecke . . . . . . . 84 |
| Mauseohren . . . . . . 8 | Scheitelbein . . . . . . 7 |
| Milchzähne . . . . . . 62 | Schienbein . . . . . . 18 |
| Mittelhand . . . . . 5. 37 | Schiffbein, großes . . . . 45 |
| Mittelzähne . . . . . . 59 | Schiffbein, kleines . . . . 45 |
| Mohrenkopf . . . . . . 84 | Schimmel, weißgeborner . . 82 |
| Mondblindheit . . . . . 81 | Schimmel, gemischter . . . 84 |
| Muskatschimmel . . . . 84 | Schleimbeutel . . . . . 3 |
| Muskeln . . . . . . . 4 | Schleimhaut . . . . . . 7 |
| Nackenband . . . . . . 10 | Schmelzrand, innerer, äußerer 61 |
| Nase . . . . . . . . 7 | Schneidezähne . . . . . 59 |
| Nasenbein . . . . . . 7 | Schnippe . . . . . . . 85 |
| Nasenlöcher oder Nüstern . 7 | Schopf . . . . . . . 8 |
| Nerven . . . . . . . 4 | Schrankader . . . . . . 50 |
| Oberhauptbein . . . . . 7 | Schultern . . . . . 5. 15 |
| Oberkiefer . . . . . . 6 | Schulterblatt . . . . . 15 |
| Oberschenkelbein . . . . 40 | Schußstern . . . . . . 85 |
| Ochsenklaue . . . . . 34 | Schwarzbraun . . . . . 83 |
| Ohren . . . . . . . 8 | Schwarzschecke . . . . 84 |
| Pferdezähne . . . . . . 62 | Schwarzschimmel . . . . 84 |
| Piephacke . . . . . . 50 | Schweif . . . . . . . 6 |
| Platthuf . . . . . . . 34 | Schweineohren . . . . . 8 |
| Pupille . . . . . . . 76 | Schweißfuchs . . . . . 83 |
| Querbein . . . . . . . 15 | Sehnen . . . . . . . 4 |
| Querfortsatz . . . . . . 39 | Sehnenscheiden . . . . . 4 |
| Räude . . . . . . . 55 | Sehloch . . . . . . . 76 |
| Ramskopf . . . . . . 7 | Senkrücken . . . . . . 38 |
| Raspe . . . . . . 23. 51 | Sitzbein . . . . . . . 40 |
| Regenbogenhaut . . . . 76 | Sohle . . . . . . . . 24 |
| Rehbein . . . . . . . 51 | Sommerrappen . . . . . 82 |
| Rehbraun . . . . . . 83 | Spath, der unsichtbare . . 49 |
| Rehe (=Krankheit) . . . 57 | Speckhals . . . . . . . 11 |
| Reibefläche (des Zahns) . . 61 | Spitzstern . . . . . . 85 |

|   |   |
|---|---|
| Sporn . . . . . . . 22 | Tiger . . . . . . . . 84 |
| Sprungbein . . . . . 45 | Trachten . . . . . 23. 25 |
| Sprunggelenk . . . . 44 | Traubenkörner . . . . 76 |
| Sprunggelenksgallen . . . 51 | Ueberhaut . . . . . . 12 |
| Staar, grauer, schwarzer . 78. 79 | Ueberbein . . . . . . 30 |
| Staar, grüner . . . . 80 | Ueberköthen . . . . . 31 |
| Staarpunkte . . . . . 78 | Unterkiefer . . . . . . 6 |
| Stachelfortsatz . . . . 9 | Unterschenkelbein . . . 41 |
| Stätigkeit . . . . . . 56 | **V**enen . . . . . . . 50 |
| Steingallen . . . . . 35 | Vernageln . . . . . . 36 |
| Stelzfüßig . . . . . 27 | Verschlagen . . . . . 57 |
| Stern, gemischter . . . 85 | Vollhuf . . . . . . . 33 |
| Stichelbraun . . . . . 84 | Vorarm . . . . . . . 18 |
| Stichelfuchs . . . . . 84 | Vorarmbein . . . . 14. 18 |
| Stirn, Stirnbein . . . . 7 | Vorbügig . . . . . . 26 |
| Stollbeule, Stollschwamm . 28 | Vorband . . . . . . 5 |
| Strahl . . . . . . . 24 | Vorkopf . . . . . . . 7 |
| Strahl, fauler . . . . 36 | **W**ände, getrennte . . . 35 |
| Strahlbein . . . . 15. 22 | Widerriß . . . . . 5. 12 |
| Strahlkrebs . . . . . 36 | **Z**ähne . . . . . . 7. 59 |
| Strecker des Schienbeins (Muskel) . . . . 18 | Zangenzähne . . . . . 59 |
| Streifen, sich . . . . 27 | Zehe . . . . . . . 23 |
| Synovia (Gelenkschmiere) . . 3 | Zehenstrecker (Muskel) . . . 44 |
| Tarkeln . . . . . . . 73 | Zunge . . . . . . . 9 |
| Thränenbein . . . . . 7 | Zwanghuf . . . . . . 33 |
|  | Zweiköpfige Backenmuskel . 42 |

Additional material from *Die Vertheilung der Wärme auf der Erdoberfläche,*
ISBN 978-3-662-32260-4, is available at http://extras.springer.com

MIX
Papier aus verantwortungsvollen Quellen
Paper from responsible sources
FSC® C105338

If you have any concerns about our products,
you can contact us on
**ProductSafety@springernature.com**

In case Publisher is established outside the EU,
the EU authorized representative is:
**Springer Nature Customer Service Center GmbH
Europaplatz 3, 69115 Heidelberg, Germany**

Printed by Libri Plureos GmbH
in Hamburg, Germany